人工智能科普系列

Introduction to
PYTHON
PROGRAMMING

Python
编程基础

庄浩　周颖　徐卫　赵力
编著

机械工业出版社
CHINA MACHINE PRESS

人工智能的普及将是未来的发展趋势，本书作为青少年人工智能编程语言教材，尽可能通俗易懂且全面地解释 Python 语言的基础知识。

全书共 12 章，介绍了从 Python 语言基础到使用 Python 创建图像界面的知识。第 1 章首先从总体上介绍了 Python 语言的发展历程和与编程语言相关的知识。第 2、3 章介绍了 Python 语言中常用的数据结构以及操作方法。第 4 章介绍了一种基本的抽象方法，即变量，并介绍了程序和外部环境沟通的方法，即输入操作。第 5 章介绍了一种使程序更加多样化的方式，即通过条件判断进行分支操作。第 6 章介绍了列表，这种数据结构可以用于同时处理多个数据。第 7 章介绍了循环操作。第 8 章介绍了元组和字典这两种数据结构。第 9～11 章分别介绍了三种抽象的方法。第 12 章介绍了创建图像界面的方法。每章都有对应的习题供读者进一步思考。

本书既可作为中学生信息技术课程的教材，也可作为青少年自学人工智能基础和 Python 编程基础的参考书。

图书在版编目（CIP）数据

Python 编程基础 / 庄浩等编著 . —北京：机械工业出版社，2021.6
（2024.1 重印）
ISBN 978-7-111-68129-8

Ⅰ . ①P⋯ Ⅱ . ①庄⋯ Ⅲ . ①软件工具－程序设计
Ⅳ . ①TP311.561

中国版本图书馆 CIP 数据核字（2021）第 081102 号

机械工业出版社（北京市百万庄大街 22 号　邮政编码 100037）
策划编辑：李馨馨　　责任编辑：李馨馨　尚　晨
责任校对：张艳霞　　责任印制：常天培

北京机工印刷厂有限公司印刷

2024 年 1 月第 1 版·第 2 次印刷
184mm×240mm · 14.5 印张 · 357 千字
标准书号：ISBN 978-7-111-68129-8
定价：59.00 元

电话服务 网络服务

客服电话：010-88361066 机 工 官 网：www.cmpbook.com
　　　　　010-88379833 机 工 官 博：weibo.com/cmp1952
　　　　　010-68326294 金 书 网：www.golden-book.com
封底无防伪标均为盗版 机工教育服务网：www.cmpedu.com

亲爱的同学：

比尔·盖茨曾在一篇写给大学生的毕业寄语中把当今时代称为"一个非常好的时代"，盖茨直言如果在今天让他寻找一个能对世界产生巨大影响的机会，他会毫不犹豫地考虑人工智能。未来 30 年，智能技术将深入到社会的方方面面，彻底重塑传统制造业。企业如果不能从规模化、标准化向个性化、智慧化转型，将很难存活下去。人工智能技术再先进，如果不能和制造业结合推动转型升级，也将失去意义。可以知道的是，人工智能与各个行业相结合，可能会发生一系列奇妙的化学反应，迸发出不一样的火花。我们都坐在了人工智能这趟刚刚出发的高速列车上，不知会被带往何处。

人工智能的本质是计算机模拟人的意识、思维的信息过程。简单来说，就是能够做出和人类智能相似反应的智能机器，这个领域还包括机器人、语言识别、图像识别、自然语言处理和专家系统等。总体而言，它是为了让人们的生活更加方便而服务的。为了更好地使用计算机来处理一些有用的事物，我们必须学习一门计算机编程语言。Python 语言具有上手快速、功能强大的优点，从而在人工智能的浪潮中脱颖而出，成为广受欢迎的人工智能编程语言，被很多专家和学者使用。

编程语言作为人类和机器交流的一种工具，在人工智能时代承担着更加重要的使命。学好 Python 语言能够让我们在未来社会的发展中处于一个更加有利的位置，同时我们也可以将 Python 语言作为一种改变周围环境的工具，让未来社会因人工智能而变得更加丰富多彩。编写本书的目的是培养中学生独立思考和解决问题的能力，使他们能够更加快速地了解 Python 这门编程语言。

　　本书内容主要包括 Python 语言的发展历程、编程语言基础知识、Python 语言中常用的数据结构以及操作方法、变量的定义以及操作方法、条件判断和分支操作、列表、循环操作、元组和字典、函数、对象和类、模块、创建图像界面的方法。

　　本书由人工智能领域的老师集体编写，周颖老师负责第 2～4 章的编写工作；庄浩老师负责第 5～8 章以及第 12 章的编写工作；徐卫老师负责第 9～11 章的编写工作；赵力教授负责第 1 章的编写工作并审阅了全书。

　　作为一本人工智能编程语言的中学教材，本书还有许多不足之处，欢迎同学们在使用过程中提出改进的建议。

　　希望在未来的生活和学习中，同学们能够有敢于创新和突破的勇气和信心。

编者

目录

前言

第 1 章 基础知识

1.1 Python 介绍 1

1.2 安装 Python 2

1.3 运行 Python 6

1.4 错误类型 10

1.5 算法 11

1.6 函数 13

1.7 编程规范 14

习题 17

第 2 章 字符串

2.1 创建字符串 21

2.2 使用 print 函数 26

2.3 串联字符串 32

2.4 字符串方法 34

2.5 字符串格式化 38

习题 ·· 44

第 3 章　数值与运算符

3.1　不同类型的数值 ······················· 49

3.2　操作符 ································· 52

3.3　运算优先级 ····························· 52

3.4　其他操作符 ····························· 54

3.5　科学计数法 ····························· 56

习题 ·· 58

第 4 章　变量和输入

4.1　命名变量 ······························· 60

4.2　修改变量 ······························· 61

4.3　命名规则 ······························· 63

4.4　注释 ··································· 64

4.5　程序输入 ······························· 66

习题 ·· 68

第 5 章　判断是非

5.1　进行判断 ······························· 71

5.2　if 语句 ································· 72

5.3　相等判断 ······························· 74

5.4　不相等判断 ····························· 75

5.5　大小判断 ······························· 76

5.6　取反操作 ······························· 79

5.7　多个比较运算的结果 ⋯⋯⋯⋯⋯⋯⋯⋯⋯⋯⋯⋯⋯⋯⋯ 80

习题 ⋯⋯⋯⋯⋯⋯⋯⋯⋯⋯⋯⋯⋯⋯⋯⋯⋯⋯⋯⋯⋯⋯⋯⋯⋯⋯ 82

第 6 章　列表

6.1　创建列表 ⋯⋯⋯⋯⋯⋯⋯⋯⋯⋯⋯⋯⋯⋯⋯⋯⋯⋯⋯⋯⋯ 86

6.2　添加元素 ⋯⋯⋯⋯⋯⋯⋯⋯⋯⋯⋯⋯⋯⋯⋯⋯⋯⋯⋯⋯⋯ 87

6.3　获取内容 ⋯⋯⋯⋯⋯⋯⋯⋯⋯⋯⋯⋯⋯⋯⋯⋯⋯⋯⋯⋯⋯ 88

6.4　修改内容 ⋯⋯⋯⋯⋯⋯⋯⋯⋯⋯⋯⋯⋯⋯⋯⋯⋯⋯⋯⋯⋯ 94

6.5　删除元素 ⋯⋯⋯⋯⋯⋯⋯⋯⋯⋯⋯⋯⋯⋯⋯⋯⋯⋯⋯⋯⋯ 95

6.6　列表相加和乘法 ⋯⋯⋯⋯⋯⋯⋯⋯⋯⋯⋯⋯⋯⋯⋯⋯⋯⋯ 96

6.7　成员资格 ⋯⋯⋯⋯⋯⋯⋯⋯⋯⋯⋯⋯⋯⋯⋯⋯⋯⋯⋯⋯⋯ 99

6.8　一些内建函数 ⋯⋯⋯⋯⋯⋯⋯⋯⋯⋯⋯⋯⋯⋯⋯⋯⋯⋯⋯ 100

6.9　常用列表方法 ⋯⋯⋯⋯⋯⋯⋯⋯⋯⋯⋯⋯⋯⋯⋯⋯⋯⋯⋯ 101

习题 ⋯⋯⋯⋯⋯⋯⋯⋯⋯⋯⋯⋯⋯⋯⋯⋯⋯⋯⋯⋯⋯⋯⋯⋯⋯⋯ 109

第 7 章　循环

7.1　计数循环 ⋯⋯⋯⋯⋯⋯⋯⋯⋯⋯⋯⋯⋯⋯⋯⋯⋯⋯⋯⋯⋯ 112

7.2　条件循环 ⋯⋯⋯⋯⋯⋯⋯⋯⋯⋯⋯⋯⋯⋯⋯⋯⋯⋯⋯⋯⋯ 119

7.3　并行迭代 ⋯⋯⋯⋯⋯⋯⋯⋯⋯⋯⋯⋯⋯⋯⋯⋯⋯⋯⋯⋯⋯ 121

7.4　嵌套循环 ⋯⋯⋯⋯⋯⋯⋯⋯⋯⋯⋯⋯⋯⋯⋯⋯⋯⋯⋯⋯⋯ 122

习题 ⋯⋯⋯⋯⋯⋯⋯⋯⋯⋯⋯⋯⋯⋯⋯⋯⋯⋯⋯⋯⋯⋯⋯⋯⋯⋯ 125

第 8 章　其他集合类型

8.1　元组 ⋯⋯⋯⋯⋯⋯⋯⋯⋯⋯⋯⋯⋯⋯⋯⋯⋯⋯⋯⋯⋯⋯⋯ 127

8.2　字典 ⋯⋯⋯⋯⋯⋯⋯⋯⋯⋯⋯⋯⋯⋯⋯⋯⋯⋯⋯⋯⋯⋯⋯ 131

习题 ································· 145

第 9 章 函数

9.1 创建函数 ··························· 147
9.2 函数调用 ··························· 155
9.3 函数参数 ··························· 156
9.4 lambda 表达式 ······················ 161
习题 ································· 162

第 10 章 对象和类

10.1 概述 ···························· 164
10.2 类 ····························· 166
10.3 类的属性和方法 ······················ 169
10.4 类的继承 ·························· 175
习题 ································· 182

第 11 章 模块

11.1 导入模块 ·························· 185
11.2 编写模块 ·························· 187
11.3 常见的模块 ························· 188
习题 ································· 191

第 12 章 创建图像界面

12.1 图像用户界面 ······················· 192

12.2　Tkinter ··· 192

12.3　布局设置 ·· 197

12.4　其他组件 ·· 201

习题 ··· 221

参考文献 ·· 222

第 1 章　基础知识

1.1　Python 介绍

Python 诞生于 1989 年，从诞生以来一直流行。我们现在看到的很多网站都是用 Python 编写的，例如 YouTube 和豆瓣等，如图 1-1 和图 1-2 所示。Python 作为一种脚本设计语言，可以跨平台使用，具有较高的解释性和互动性。对于大型的客户网站而言，Python 因为具有较大的模块库、简单的开发流程、开源的程序设计环境等特点，从而能极大地提高生产力，所以被许多公司用来开发程序。

图 1-1　YouTube 网站界面

图 1-2　豆瓣网站界面

随着 Python 的不断发展，Python 的功能越来越强大，语言的特性也越来越丰富，因此可以被用于很多项目开发。

Python 有很广泛的应用场景，常见的应用场景有下面几个：

● 嵌入式设备，例如智能机器人。

● 移动设备，例如手机、平板计算机。

● 常见的图形用户界面，包括 Web、客户端和服务器端 Web。

● 人工智能领域，例如机器学习、深度学习。

1.2　安装 Python

为了能够运行 Python 程序，我们需要安装 Python 解释器，Python 解释器可以对代码进行解释运行，并给出对应的输出结果。在不同的操作系统上，Python 解释器的安装方式不同。

1. Linux 系统

通常情况下 Linux 系统在发布后，就已经安装好了一个版本的 Python 解释器。可以通过如下的方式来查看安装的 Python 解释器的版本：在系统应用中打开终端命令程序 Terminal，如图 1-3 所示。

图 1-3　Linux 系统终端

输入命令"python"后，可以得到一系列的输出信息。通常情况下可以看到下面的输出信息：

```
$ python
Python 3.6 (default, Mar 22 2014, 22:59:38)
[GCC 4.8.2] on linux2
Type "help", "copyright", "credits" or "license" for more information.
>>>
```

上面的信息中，告诉了我们 Linux 系统安装的 Python 的版本号以及使用的系统信息等。这样的情况就代表了 Linux 系统已经安装好一个版本的 Python 解释器，我们可以尝试编写一些 Python 代码。

2. Windows 系统

通常情况下 Windows 系统并没有安装 Python 解释器，所以需要我们自己手动安装。在开始安装 Python 解释器前，可以先测试一下系统是否已经安装好 Python 解释器。我们使用最简单的测试方法：在命令行模式下，在 Windows 系统的命令行格式中，即在系统的"开始"菜单栏中输入"command"命令，打开一个命令窗口（也可以按住<Shift>键并且用鼠标右击桌面，再选择"在此处打开命令窗口"选项，从而可以在当前文件夹中打开一个命令窗口）。在命令行界面中输入命令"python"并执行这个命令；如果在下面出现了一些与 Python 版本等有关的信息并且在新的一行中显示了提示符(>>>)，我们就可以认为这台计算机中已经安装好了 Python 解释器，接下来就可以编写一些 Python 代码了。

如果没有安装 Python 解释器的话，可能会看到一条错误消息，这条错误信息告诉我们系统上无法执行"python"指令，这样的结果表示系统上并没有安装 Python 解释器。下面我们来安装一个 Python 解释器。首先需要下载一个 Python 解释器，我们进入 Python 的官网（https://www.python.org）下载对应版本的 Python 解释器（本书中的程序都是在 3.6 版本下进行测试的，对于 Python 解释器而言，版本 3 的语法都是相似的，但是和版本 2 的语法相差比较大）。首先进入 Python 的官网，网页如图 1-4 所示。

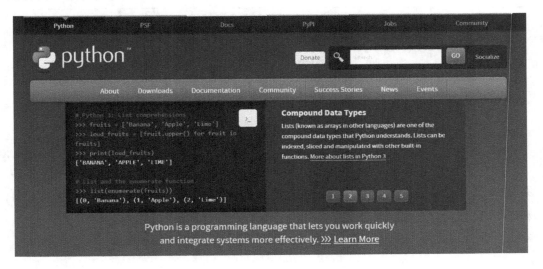

图 1-4   Python 官网

单击 Downloads 下拉框后，可以进入下载界面，如图 1-5 所示。

图 1-5　Python 下载界面

下载好对应版本的解释器后，可以双击安装程序，然后来到安装界面，一直按照界面上的提示来操作就可以了，到最后一步时选中复选框"Add Python 3.6 to PATH"，这样做的好处是可以让你在命令行模式下运行 Python，从而使系统能够运行"python"命令，最后的安装界面如图 1-6 所示。

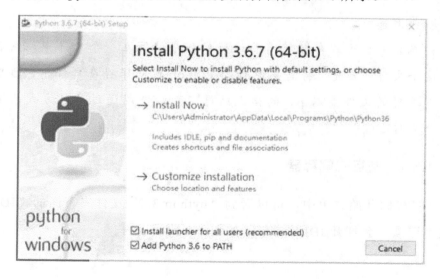

图 1-6　安装界面

安装好 Python 解释器后，我们可以使用命令行模式来确定是否已经安装好 Python。打开命名行模式，输入"python"命令，此时可以看到一些与 Python 相关的版本信息等文字，并且在新的一行上有一个提示符（>>>），在这种情况下，我们就可以输入一些 Python 命令来运行程序了。

1.3 运行 Python

在一个已经安装好 Python 解释器的系统上，我们可以运行一些与 Python 相关的程序代码。这些代码可以是那些已经开源的大型程序，或者是由自己编写的小型代码。一般而言，在编写 Python 代码时，可以有以下两种选项。

- 交互式解释器：在安装好 Python 解释器后，可以使用 Python 附带的一个交互式编程界面。在这个交互式编程界面中，每输入一行代码，就立刻执行对应的程序，从而能够快速地看到程序执行的结果。这种方式具有快速解释的好处，但是当我们编写大型程序时，使用这种方式容易出错。

- 脚本模式：可以单独将需要运行的程序编写在一个文件中，然后运行这个文件。首先，将需要运行的 Python 代码保存在文件中，通常情况下这样的文件要以 .py 的格式结尾，然后可以通过多种方式来运行这个文件。

1.3.1 交互式解释器

在计算机的开始菜单中，可以看到"python 3.6"文件夹下面的"IDLE"。单击这个选项，会打开 IDLE 窗口，如图 1-7 所示。

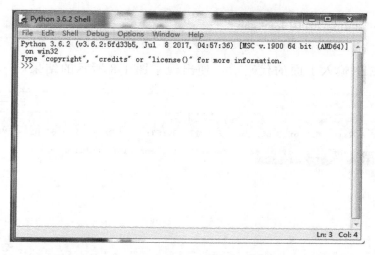

图 1-7　IDLE 界面

　　我们可以将 IDLE 理解为 Python Shell，这里的 Shell 可以解释为"外壳"，是一种包装了一定内容的外部图像界面。总体来说，我们可以将 IDLE 看作是一种与 Python 解释器相互交流的手段，在 Shell 中可以任意地输入一些文本或者代码，然后利用这个 Shell 发送一定的指令与 Python 进行交流。通常情况下，在编程界面的外观上，为了凸显一个程序的用途，会将一个具有代表性的名称显示在程序窗口上，所以我们可以在 IDLE 的标题栏上显示"Python Shell"这几个英文字符。除了可以将 IDLE 看作是一个解释器外，还能将 IDLE 看作是一个 GUI（图形用户界面），通常情况下，一个图形用户界面会有文件、编辑等选项框。

　　我们可以将 IDLE 当作一种查看 Python 代码的手段，在 IDLE 界面上可以运行一个实例，然后可以按要求输入一些内容；当输入完对应的内容后，Python 解释器会执行对应的程序，并显示一些文本或者图像（这些内容是根据环境而变化的）。使用 IDLE 的好处是它可以让使用者在自己创建的上下文环境中进行实验。

　　图 1-7 中的">>>"是 Python 提示符。提示符是程序等待你输入信息时显示的符号。这个>>>提示符就是在告诉你，Python 已经准备好了，在等着你输入 Python 指令。可以尝试向 Python 下达我们的第一条指令：

```
>>> "Hello world!I love you."
```

在 IDLE 中输入上面的代码后，便出现了图 1-8 所示的结果。

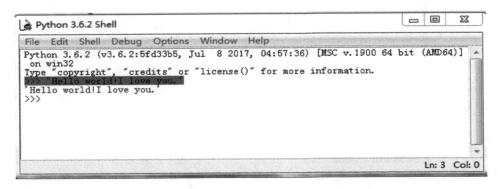

图 1-8　程序运行结果

在输入的指令的下面一行中出现了一条新的字符串，新字符串中的内容和指令的内容一样，发生变化的地方是：原来指令上使用的双引号变成了单引号，同时用于显示指令和输出内容的颜色也不相同。为了显示不同指令和运行结果的区别，IDLE 特地使用不同的颜色显示不同的文本内容，这样我们就很容易区分不同部分的具体含义了，这样的方式通常被称为代码高亮显示。

上面的一系列步骤就是一个运行程序的过程，刚才的全过程可以看作在交互模式下，和 Python 解释器进行交互。把上面的命令输入交互的窗口中，Python 解释器会立即收到对应的代码，然后根据不同的环境来执行这个命令。命令的执行可以看作是机器对这段代码进行了自己的理解，然后使用机器的不同设备进行反应。

不同的命令代表了不同的操作过程，根据代码编写的不同意图，机器在执行这些代码时，会根据具体的环境特征，在 IDLE 上做出不同的表示，比如，显示一段文字，播放一段音乐，显示一张图片，或者播放一段视频。

1.3.2　使用 Python 文件

Python 中除了提供可以直接在 IDLE 上进行交互的处理外，还提供了另外一种代码编写和运行的方式,这种方式通常是将需要运行的代码全部编写好后,再一起运行,这种方式比较适合代码量较大的程序。为了使用这种编写代码的方式,我们打开 IDLE,然后找到 File 菜单,选择 File→New Window 或 File→New File,这样就会弹出一个 GUI 界面,这个 GUI 界面中没有任何的文字,代表了这是一个新建的空白页面。在这个新界面的标题部分显示了"Untitled",这个标题代表了这个程序的名称,我们可将这个名称修改为能够更好地表示这段程序的作用的名称。这个 GUI 界面具有文本输入的功能,因此我们可以在空白的地方编写不同的代码。为了测试这种方式的有效性,将上面在交互模式下输入的一条指令编辑在空白的地方,如图 1-9 所示。

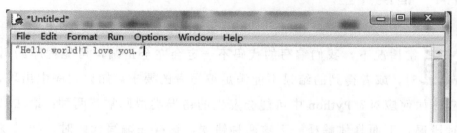

图 1-9　文本编辑模式

为了运行这个新程序,我们需要将文件保存在某一个地方,具体的方法如下:找到 File 菜单,然后选中菜单下的 Save 选项,将文件保存为 first.py。然后单击 Run 菜单下的 Run Module 选项,便可以运行这段指令。程序运行完后,会出现图 1-10 中的结果。

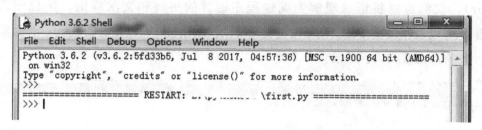

图 1-10　first.py 运行结果

我们可以看到,程序运行后,在最新的提示符的上面出现了一行等号文字,文本中有几个英文字符"RESTART",这些英文字符表示重新运行一个程序,后面的"\first.py"表示正在运行程序的名字，在程序名称的前面有一行地址，这个地址代表这个程序的位置。当这行文字结束后，文本的下面会出现运行这段程序后会出现的结果，因为上面程序的特殊性，可以看到刚才的一段程序实际上并没有输出任何的文字或者图片，Python 的运行环境也没有任何变化。通常情况下，Python 解释器对输入的语句进行解释并处理。在本例中，因为程序中只有一行字符串，所以仅需要 Python 解释器读取这行文本后，程序就结束了。

1.4　错误类型

通常情况下，我们编写的代码不一定会完全正确，可能程序的语句不对，或者得到的结果不能满足编写者的要求。如果程序中出现错误，我们应该如何应对？Python 中可能会发生的错误类型通常有两种：语法错误和运行时错误。下面具体解释一下这两种错误，这样在编写代码时，如果发生了错误就可以很方便地应对。

语法错误

在 IDLE 中编写代码时，IDLE 界面会对编写的代码进行检查。如果编写的代码被 IDLE 发现为一个错误，这样的错误可以理解为是语法错误（Syntax Error）。我们可以将语法理解为编程程序语言的拼写和文法规则，所以出现语法错误就代表了你输入的代码内容是不符合 Python 语法规范的代码。下面给出一个例子，如图 1-11 所示。

```
>>> "python, python
SyntaxError: EOL while scanning string literal
```

图 1-11　语法错误

在上面的例子中，我们打开了交互模式，在提示符后面输入"python, python"后，IDLE 会弹出一个红色消息"SyntaxError : EOL while scanning string literal"，

表示所输入的指令存在一个语法错误：当扫描字符串字面量时出现了错误的结束符。除了显示错误的类型，IDLE 还会将错误的位置显示出来。

运行时错误

这种类型的错误往往不会在程序运行前发生报错，因为这种错误没有语法上的错误，所以在编写代码时，IDLE 不会发现什么问题。在程序运行时，可能会有意想不到的错误出现，所以被称为运行时错误（Runtime Error）。

1.5 算法

在编写小型程序时，我们可以随意地组织代码顺序，因为代码量比较少，我们可以完全理解编写代码的内容。但是当编写大型代码时，代码量飞速增加，并且代码的逻辑变得很难理解。为了能够更好地编写需要的代码，我们可以先来理解一下计算机程序设计。计算机程序设计就是通过编写代码从而告诉计算机完成某一特定的任务。通常情况下，计算机是通过电子元器件来完成计算功能的，这些元器件的计算功能非常强大，计算速度非常快，可以用来完成很多复杂的计算任务。但是因为这些元器件并没有属于自己的思想，也就是说计算机并不太擅长自己思考，所以需要程序员通过编写代码的方式告诉计算机具体实现的细节，为了实现和计算机的交流沟通，程序员需要用一些特殊的语言将具体步骤告诉它。我们将这些特殊的语言称为机器语言（用来和自然语言做区别），将具体的步骤称为"算法"（我们可以将算法看作"程序"的另一种悦耳的说法——表示详细描述如何做某事）。比如下面的食谱：

1）大锅上用大火注入开水放入葱姜煮 5 分钟，然后将大块的五花肉放入锅中煮熟。

2）在砂锅内放入八角并铺好香葱和大葱。

3）把切好的姜片均匀地铺在葱上面。

4）五花肉煮熟捞出晾凉。

5）把煮熟的五花肉用刀切成均匀的大块，850 克肉切成 10～11 块即可。

6）把五花肉的皮朝下，然后紧密地放在砂锅里。

7）在肉上先撒上冰糖，然后倒入适量的酱油，最后注入黄酒。

8）盖上砂锅大火烧开，锅开后，打开锅盖撇去浮沫。

9）再次盖上锅盖，改用文火开始慢炖，防止汤溢出锅。

10）大约炖两个小时便可以出锅。

这个食谱是用于完成"东坡肉"的过程，它具有讲究的组成结构。为了说明"东坡肉"的具体做法，它按照时间顺序讲解了不同的步骤，通常情况下这些步骤可以直接完成，但是有些步骤需要满足特定的条件。

为了很好地实现程序设计的任务，我们需要考虑算法中涉及的两个要素：表达式和语句。将下面两行代码分别在交互模式下输入：

```
>>> 2*3
6
>>> print(2*3)
6
```

在交互模式下，这两行代码具有相同的输出，但是这两行代码表示了不同的计算机要素，我们可以将第一行代码理解为一个表达式，第二行代码理解为一个语句。虽然两者可以得到相似的结果，但是两者存在一定的差异：表达式是某事，而语句是在做某事。在 Python 的交互模式下，为了突出相互的效果，Python 解释器总是将表达式的值显示出来，所以上面两行代码出现了相同的效果。

在赋值情况下，语句和表达式之间的区别更加明显一些。因为语句不是表达式，所以没有值可供交互解释器打印出来：

```
>>> x=3
>>> y=10
```

```
>>> z=7

>>>
```

可以看到，当我们输入三个赋值语句后，在 IDLE 的最新一行中出现了新的提示符。虽然看起来系统环境没有发生变化，但是由于赋值操作的存在，一些东西已经发生变化，上面的语句实现了将一些数值大小赋予一些变量的功能，现在，我们可以将变量 x 看作数值 3，将变量 y 看作数值 10，将变量 z 看作数值 7。

因此我们可以这样定义语句：改变了事物的文字。例如，赋值语句改变了变量的数值大小，print 函数语句改变了外部显示的内容信息。

我们可以将赋值语句看作计算机中最重要的语句类型，因为这样的语句实现了抽象的功能，从而增强了计算机语言的功能。我们可以将变量看作为一个"存储器"，它的功能在于：当程序操作变量的时候，计算机并不需要关心变量中存在的数值大小。例如，即使在运行程序后，不知道变量 x 和 y 的数值大小，计算机也能知道 x*y 的结果就是将变量 x 和 y 进行相乘操作后得到的结果。所以，在程序中可以有多种途径来使用变量，而不需要了解在程序运行的时候，最终使用的值的大小，这样编写出来的代码就具有很强大的功能。

1.6　函数

在数学中，使用函数来表示多个输入值与对应的输出值之间的映射关系。Python 中也使用这种方式实现这样的功能。我们可以将函数看作用来实现特定功能的小代码。Python 的强大之处就在于 Python 中有各种功能的函数。除了使用自带的一些函数外，也可以在 Python 中定义自己需要的函数，例如下面的代码：

```
>>> 5**3
```

125

```
>>> pow(5,3)
125
```

在上面的代码中，第二行代码使用函数的方式称为调用函数，其中英文字符 pow 是函数的名字，Python 中使用不同的名字来表示不同的功能，在函数名字的后面有一个圆括号，圆括号用来给函数传递需要的参数，例如上面例子中传递的 5 和 3。在调用函数后，我们会得到函数的一个返回值。因为调用函数可以得到一个返回值，所以我们可以将函数调用看作一个表达式。为了创造出更复杂的表示式，我们可以综合使用运算符和函数调用，例如下面的一行程序：

```
>>> 4.5+pow(6,22)/5.2
2.531186612351291e+16
```

通常情况下，为了和自己定义的函数做区别，我们会将 Python 自带的函数称为内建函数。Python 中还有很多用于数值表达式的内建函数，例如 abs 函数可以得到数的绝对值，round 函数则会对小数进行四舍五入，从而得到最接近的整数值：

```
>> abs(-33.2)
33.2
>>> round(90.32)
90
```

1.7 编程规范

我们可以将程序视为艺术品，一个程序可以是"十分漂亮的"。通常情况下，在编程语境中"漂亮"会有两层意思。第一，编写的代码应当满足一定的语法规则：在 Python 中，会使用缩进（4 个空格）和冒号"："来体现代码层次关系，当这些符号省略时，编写的代码会发生意想不到的错误。第二，编写的代码应当符合一定的阅读审美习惯：在 Python 编程中，通常会对关键语句添加注释（以#开头的语句），用来提高程序的可读性和增加代码的可维护性，通常也会在不同代码段之间增加空行。这些要求不是 Python 的语法规则，但是使用这些可以降低代码编写和维护的时间和工作量。

1.7.1　语法规则

（1）常量和变量

数据是程序中最重要的元素，是负责程序运行过程的承担物，同时也是程序处理的对象。因此，要考虑在程序中如何表示数据。Python 中的数据按照数值是否变换可以划分为：常量和变量。常量是指那些不能被改变的量，例如，"hello world"、150.42 等；而变量代表了值可以改变的量，例如上面的 x,y,z 等。在 Python 中通过不同的名称来区别变量，而且大小写不相同的名称代表了不同的变量。

（2）表达式

表达式按算法要求的不同，使用不同的运算符将常量、变量等数据组合起来。例如，表达式(a+b+c)*2 表示将三个变量 a、b、c 的值相加，然后乘以 2；而表达式"She is"+"happy"表示将两个字符串"She is"与"happy"前后连接起来，从而形成字符串"She is happy"。

（3）语句

Python 中的语句是构成程序的基本单元，Python 为编程者提供了很多种语句类型，不同的语句有对应的语法规则，从而实现不同的功能。最常用的语句类型是赋值语句，可以实现变量改变数值大小的功能。

（4）语法规则

在 Python 编程中，有几个比较重要的语法规则：缩进、冒号和空行。

1）缩进：Python 用行首的前 4 个空格来表示不同代码段，即行与行之间的层次关系。代码缩进一般用在条件、控制等语句和函数定义、类定义和模块定义等语句中。

2）冒号：在 Python 中，通常会将冒号和缩进一起使用，以便区分语句之间的层次关系。冒号后的代码在层次上看属于冒号前的代码。

3）空行：当存在多个作用代码块时，不同代码块之间常用空行分隔，这样做可使程序更加清晰、易读。

1.7.2 注释规范

在程序中使用注释具有很高的实用价值，通常，注释在程序中具有以下作用：说明变量的意义、解释函数的功能、表明创建模块的时间和程序模块的创建者等，注释可以帮助程序编写者更好地理解程序。给程序添加注释，不但有利于以后修改程序的功能，而且还方便与他人合作开发软件。

1.7.3 程序调试

在了解了一些 Python 的基本语法规则后，便能够编写简单的程序。虽然简单的程序操作起来比较容易，但是在输入代码时也很容易出现问题。通常情况下，每当输入 1000 行代码时就可能有 3 条左右的错误语句。错误的类型可能是语法错误、运行错误和逻辑错误。程序中出现了错误并不可怕，关键是找出错误发生的位置、分析错误产生的原因以及了解改正错误的方法。

面对不同的错误类型，我们可以使用不同的解决方法。如果程序中出现语法错误或运行错误，程序可能会崩溃，这个时候 Python 解释器将给出错误产生的位置和错误类型等异常信息。这些信息有助于查找和修改错误，因此，这两类错误会在较短时间内解决；但是如果程序发生逻辑错误，表面上看程序能正常执行，因为 Python 解释器没有发现任何错误，但是程序的结果并不是我们想要的。逻辑错误表示程序在设计上出现了一些逻辑上的问题，因为解释器没有提示错误，所以查找程序的逻辑错误的难度比较大。为了能够找到逻辑错误，通常我们会从头到尾依次检查程序代码。

习题

1. 尝试打开 Python 的 IDLE 界面，然后输入几个表达式看 Python 解释器会返回什么内容？

2. 在 Python 中有哪些编写代码的方式，这些方式存在哪些差别，并举例在什么时候使用对应的方式比较方便。

3. 在 Python 代码时，可能会遇见几种常见的错误。面对这些错误时，我们应该如何解决这些问题？

4. 在 Python 中输入下面的语句，首先猜测这些语句会出现什么样的结果，如果没有输出理想的结果，请分析对应的原因。

（1）77*3。

（2）"2"+66。

（3）"44"+"55"。

（4）1*2*3*n。

（5）12+5(2-8)。

（6）4+8.2。

（7）34/0。

（8）print("this is a test")。

（9）print("he said "i like this flower"")。

（10）print("this is a good day')。

（11）print(repr('I like you'))。

（12）day=32*2。

（13）year=2030。

（14）c=43*3/2。

（15）99//3。

（16）99/3。

5．Python 中常量和变量之间的区别有哪些？区分下面的代码哪些是常量，哪些是变量？

（1）15。

（2）"15"。

（3）a="15"。

（4）"s5"。

（5）ss='sss33'。

（6）'ss'。

（7）'4dd'。

（8）gsf='2+6=13'。

（9）"24*6733"。

（10）st="to be or not to be ,this is a question!!"。

6．讲述在 Python 中表达式和语句之间的区别，并且列举出一些常见的表达式和语句的例子，并且将这些例子在 Python 中运行一下。

7．判断下面的代码哪些是语句，哪些是表达式？

（1）a=2。

（2）12*23。

（3）33+99。

（4）32-93。

（5）82/3。

（6）82//3。

（7）(22+3)*3。

（8）2+3/8+3。

（9）(22+99)*3。

（10）1+2+3+4+5。

（11）b=c=3。

（12）if a>2:

      print("a 大于 2")

（13）if a>2:

      print("a 大于 2")

else:

      print("a 小于或等于 2")

（14）a=44*2。

（15）b=(22+4)*4。

（16）time=3300/23。

8. 了解算法是能够编写出更高效代码的前提，我们可以将现实生活中的很多东西都看作一种算法表示，例如做饭用的菜谱，程序的使用规则，一个演讲比赛的流程说明等。请列举几个你认为是算法的实例，并和同学们讨论哪种算法能够很好地完成对应的任务？

9. 在编写代码时，我们应该注意哪些规范？哪些规范可以提高程序阅读的效率，哪些规范可以提高程序编写的效率？

10. 了解一下在不同操作系统下，编写出的 Python 代码有什么不同？相同的代码在不同系统上运行会出现不同的结果吗？和同学们讨论一下发生这种现象的原因是什么？

11. 除了使用 IDLE 来编写 Python 代码外，上网搜索一下有哪些比较方便的软件可以提高 Python 代码的编写效率，并和同学们讨论这些软件的优缺点。

12. 了解一下 Python 为什么使用缩进来表示代码的层级关系，为什么其他的语言会使用分号作为每行代码的结束标志？

13. Python 语言可以看作是一种解释型语言，除了 Python 外，还有哪些编程语言可以理解为解释型语言，并和同学们讨论这些解释型语言的优缺点？在计算机编程中，除了解释型语言外，还有一种编程规范，即编译型语言，这种编程语言在编写可运行代码后，需要先将编写好的代码进行编译，然后才能运行整个代码，了解常见的解释型语言，并将这种编程语言和 Python 进行比较？

14. 尝试在一个代码文件中添加一行空格行，并且运行这个文件代码，观察程序在添加空格行前后有什么不一样的地方，并和同学们讨论发生这种现象的原因是什么？

15. 在一个语句中添加一个空格，并且在 IDLE 中直接运行这个语句，并将运行结果和没有添加空格的语句运行结果进行比较，和同学们讨论这两种结果发生的原因？

16. 上网搜索 Python 编程语言的具体发展历史，并和同学们讨论每个版本的优缺点是什么？

17. Python 编程语言在一些场景下具有很高的编程效率，举例说明哪些网站是使用 Python 语言编写的？

第 2 章　字符串

字符串是 Python 中比较常见的数据类型。我们可以将数据类型理解为某种特定类型的数据以及这些数据能够支持的运算。计算机中使用的数据会根据内容的不同划分为不同的数据类型，例如有些数据是数值数据，有些数据是字母数据。计算机根据不同的数据类型来处理这些数据，例如，在计算机屏幕上显示一个数学公式"1+1"，那么我们必须告诉计算机给它的输入信号是字符串。否则，计算机会将输入理解为数学公式，然后进行相应的数值计算，从而显示一个最终的数值结果。

字符串由任意长度的字符构成，每个单独的字符可以是字母、数值、符号或者标点符号。下面显示的数据都可以当作字符串。

"Hello, how are you?"

"5+3"

"I have 4 bags"

"12*4-3"

"!@&^%$"

"!——!"

与其他编程语言不同，在 Python 中我们不能改变字符串。因此你无法对原字符串进行修改，但是我们可以换一种不同的方式，例如可以复制字符串的一部分然后对这个新字符串进行连接等操作，来达到相同的修改效果。

2.1　创建字符串

Python 中有一种创建字符串的很简单的方法：将一串字符添加在一对单引号或者是一对双引号中，从而形成了一个字符串。例如下面的例子：

```
>>> 'she'
'she'
>>> 'is'
'is'
>>> 'happy'
'happy'
>>> "today"
'today'
>>> "is"
'is'
>>> "she is"
'she is'
```

在 Python 的交互式解释器中，无论创建字符串时使用单引号还是双引号，输出的字符串永远是用单引号包裹的，Python 对这两种方式的字符串的处理方法是一样的。

虽然使用两种引号可以得到相同的效果，但是这种编程方法可以创建一些包含引号的字符串，而不是像其他编程语言那样使用转义符。也就是说，我们可以在双引号包裹的字符串中使用单引号，或者在单引号包裹的字符串中使用双引号，但是最终得到的字符串都是由单引号包裹的：

```
>>> 'The rare double quote in captivity:"'
'The rare double quote in captivity:"'
>>> 'A "two by four" is actually 1 1/2" × 3 1/2".'
'A "two by four" is actually 1 1/2" × 3 1/2".'
>>> "'Nay,' said the naysayer."
```

"'Nay,' said the naysayer."

>>> "'There's the man that shot my paw!' cried the limping hound."

"'There's the man that shot my paw!' cried the limping hound."

>>> 'she says :"I like the moon!"'

'she says :"I like the moon!"'

>>> "ok,let's go!"

"ok,let's go!"

除了使用单引号和双引号外，在 Python 中还可以使用连续三个单引号"'，或者三个双引号"""创建字符串：

>>> '''the rare'''

'the rare'

>>> '''double quote in captivity'''

'double quote in captivity'

>>> '''a two by four is actually'''

'a two by four is actually'

>>> """the rare"""

'the rare'

>>> """double quote in captivity"""

'double quote in captivity'

>>> """a two by four is actually"""

'a two by four is actually'

三元引号在创建短字符串时并不代表创建的字符串会有什么特殊用法。但是我们可以使用它来创建多行字符串。下面的例子中，我们使用三元引号来创建一个包含诗歌的字符串：

>>> '''If the day is done,

if birds sing no more,

if the wind has flagged tired,

then draw the veil of darkness thick upon me,

even as thou hast wrapt the earth with the coverlet of sleep

and tenderly closed the petals of the drooping lotus at dusk.

From the traveller,

whose sack of provisions is empty before the voyage is ended,

whose garment is torn and dust-laden,

whose strength is exhausted,

remove shame and poverty,

and renew his life like a flower under the cover of thy kindly night.'"

'If the day is done,\nif birds sing no more,\nif the wind has flagged tired,\nthen draw the veil of darkness thick upon me,\neven as thou hast wrapt the earth with the coverlet of sleep\nand tenderly closed the petals of the drooping lotus at dusk.\nFrom the traveller,\nwhose sack of provisions is empty before the voyage is ended,\nwhose garment is torn and dustladen,\nwhose strength is exhausted,\nremove shame and poverty,\nand renew his life like a flower under the cover of thy kindly night.'

我们在交互模式中输入了上面的字符串，其中第一行的提示符为>>>，然后输入一些字符串，为了不使一行中有过多的文字，可以进行换行操作，然后重复这个过程，当我们想结束这个字符串输入的时候，可以在字符串的最后输入一个三元引号，最后光标跳转到下一行并再次以>>>提示输入。至此我们完成了输入一个长字符串的过程，但是最终显示的字符串没有按照输入的格式来，因为在 Python 的交互模式下，所有的字符串都是以单引号的形式显示的。

在 Python 中使用引号创建字符串时，注意要在字符串的前后使用相同的引号，即如果在开始时使用单引号，那么在结尾的地方必须使用单引号。如果你尝试使用不同的引号创建多行字符串，在完成第一行并按下〈Enter〉键时，Python 会弹出错误提示：

```
>>> poem = 'There was a young lady of Norway,
File "<stdin>", line 1
poem = 'There was a young lady of Norway,
^
SyntaxError: EOL while scanning string literal
```

Python 中除了使用引号的方式来创建字符串外，还可以使用内建函数来创建字符串。一种是 str 函数，它会把函数的参数值转换为一定形式的字符串，这样用户可以很好地理解字符串的内容；另一种方式是使用 repr 函数来创建字符串，repr 会创建一个字符串，使用这个函数创建的字符串最后使用双引号来表示对应的字符串，这种形式可以方便解释读取，和 str 函数不同的是，repr 函数的参数可以是任意的对象，另外使用 repr 函数来创建字符串时，得到的字符串会包含一定的额外信息，这些信息可以方便程序的开发和调试。

```
>>> repr("Hello,world!")
"'Hello,world!'"
>>> repr('Hello,world!')
"'Hello,world!'"
>>> repr("Hello,world!")
"'Hello,world!'"
>>> str('Hello,world!')
'Hello,world!'
>>> str("Hello,world!")
'Hello,world!'
```

当创建好一个字符串后，我们可以对这个字符串进行一些特定的操作，例如，我们需要知道一个字符串的长度，如果是较短的字符串，可以自己数字符的个数，但是当字符串的长度超过一定范围时，通过人眼来数就会变得很困难。

在 Python 中可以使用 len 函数来读取字符串的长度：

```
>>> len('HelloPython')
11
>>> len('HelloPython!')
12
>>> len('Hello Python')
12
>>> len('HelloHello')
10
>>> len('When grace is lost from life, come with a burst of song')
55
>>> len('123')
3
>>> len('800030303')
9
>>> len('let"s')
5
>>> len("let's")
5
```

2.2 使用 print 函数

在 Python 中使用函数可以节约开发的时间，并且能够使程序更加有效。我们可以将一些经常使用的代码放在一个函数中，如果再次需要使用这些代码，就调用这些函数，这样就节省了重复输入这些相同代码的时间，并且降低了错误的可能性。现在我们只是简单地使用一些函数，对函数的具体了解可以参考第 9 章。现在我们只要知道函数和 Python 编程的关系就可以了。

　　为了将程序的一些结果反映出来，在 Python 中可以使用 print 函数打印一些文本内容或者其他内容，通常情况下这些内容会在计算机的屏幕上显示（见图 2-1）。我们可以在 Python Shell 中尝试如下的实例：

>>>print("Hello World!")

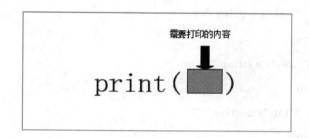

图 2-1　使用 print 函数

　　按下〈Enter〉键后，可得到如下输出：

Hello World!

　　上面的代码实现了将一个字符串打印出来的功能，现在知道了如何使用 print 函数，可以练习使用各种不同引号打印字符串了：

```
>>> print('this is a string')
this is a string
>>> print("this is a string")
this is a string
>>> print('''this is a string''')
this is a string
>>> print("""this is a string""")
this is a string
```

```
>>> print("this's a string")
this's a string
>>> print('this"s a string')
this"s a string
>>> print('''this's a string''')
this's a string
>>> print("""this's a string""")
this's a string
>>> print('''this"s a string''')
this"s a string
>>> print("""this"s a string""")
this"s a string
```

在上面的例子中，我们发现单引号（'）和双引号（"）是可以互换的。但是要注意的是，如果想在字符串中使用缩写形式，例如 don't，或者想引用某人的言论，这种情况下需要特别注意，因为这样的字符串的创建很特殊。我们先按照通常的想法来创建一个字符串：

```
>>>print("I said, "Don't do it")
```

当运行这段程序时，我们会在交互界面上得到错误消息：SyntaxError: invalid syntax。仔细观察上面的例子，可能发现不了上面问题。在大部分情况下单引号可以和双引号互换。但是当我们混用这些引号时，程序经常会出现语法错误，这个时候 Python 解释器不能理解你输入代码的意图，从而它也不知道该如何输出需要的结果。

在上面的例子中，Python 解释器首先会发现第一个双引号，并将它看为字符串的开始标志。然后解释器往后面继续读取字符，在解释器遇到单词 Don't 之前，会发现一个双引号，这个时候 Python 解释器会将双引号解释为字符串的结束符。从而，Python 解释器结束了读取剩下的字符。那么后面的字符对 Python 解释器是没有意义的，因为它们不在双引号的里面。当 Python 解释器重新遇到字符 t 之前的单引号时，一个新的字符串才重新开始。

为了解决多个引号的问题，Python 中使用了转义字符。下面我们对前面的代码进行修改，即在字符串中加入一个转义字符，从而使得字符串能够被正常输出：

```
>>>print("I said, \"Don't do it")
I said, "Don't do it
```

现在，代码可以正常工作了。输入上面的代码后，Python 解释器会遇到反斜杠（\），也就是转义字符，Python 解释器会把双引号看作一个字符，而没有将它解释为字符串的表示符号。虽然这样的做法可以使字符串中增加一个双引号，但是，由于上面字符串的最后只有一个双引号，所以打印出来的字符串在结尾的地方会缺失一个双引号。为了使 Python 解释器将语句末尾的双引号打印出来，通过增加一个转义字符以及一个双引号就可以实现，修改后的代码如下所示：

```
>>>print("I said, \"Don't do it\"")
I said, "Don't do it"
```

现在，我们将目光转向三引号，之前只是使用三引号做一些简单的说明。从那些例子中可看出，利用三引号可以输入多行文本，虽然输入时有换行符号，但是这些文本在字符串结束前不会被处理。这种效果可以很好地应对代码中有大量字符串数据的情况。我们使用这种方法来输出一首诗歌：

```
>>> print('''Roses are red
Violets are blue
I just printed multiple lines
```

And you did too!'")

Roses are red

Violets are blue

I just printed multiple lines

And you did too!

除了使用三引号来完成换行输入的功能，Python 中还提供利用换行（\n）转义字符实现多文本的作用，Python 中最常用的转义字符是换行符。下面举例简单说明一下转义字符的作用，在 Python 的交互模式中输入下面的代码：

```
>>> print("Roses are red \n Violets are blue \n I just printed multiple Lines \nAnd you did too!")
```

Roses are red

Violets are blue

I just printed multiple Lines

And you did too!

对比两种方式得到的结果可以看出，两种方式具有相同的效果。在编写程序时，我们可以任意采用一种方式，不过换行符更有效率，而且理解起来更加容易。常见的转义字符见表 2-1。

表 2-1　常见转义字符

转义字符	含义	转义字符	含义
\n	换行符	\\	表示\
\t	制表符	\'	表示一个单引号，而不是字符串结束
\r	回车	\"	表示一个双引号，而不是字符串结束

在 Python 中使用 print 函数时，解释器直接打印括号内的参数值，然后将光标移到下一行，即换行打印内容。但是并不是所有的结果都需要换行打印输

出的，当不需要换行操作时，可以考虑使用 print 函数的 end 参数变量，给 end 参数赋予不同的值，可以得到不同的效果：

```
print("this is a test word",end="")
print("I am happy to see you")
```

运行上面的程序后可以得到下面的结果：

```
this is a test word I am happy to see you
```

从上面的例子中可以看出，print 函数并没有在打印完参数内容后就换行，第二个 print 函数输出的参数内容是接着第一个 print 函数输出的内容。第一个 print 函数的 end 参数表示在 print 函数打印完一些内容后应该以什么内容为结尾，默认情况下是换行符。我们也可以使用其他的符号来替换默认的换行符：

```
print("This is a test",end='!')
print("Hello world")
```

运行上面的程序后可以得到下面的结果：

```
This is a test!Hello world
```

除了使用单个字符外，还可以使用多个字符来表示一个 print 函数的输出：

```
print("This is a test",end="***")
print("hello world")
```

运行上面的程序后，可以得到下面的结果：

```
This is a test***hello world
```

除了使用这些字符外，还可以使用转义字符，下面的例子显示使用转义字符实现换行的功能：

```
print("This is a test",end='\n')
print("hello world")
```

运行上面的程序后，可以得到下面的结果：

```
This is a test
hello world
```

2.3 串联字符串

串联字符串表示将两个或者多个字符串连接在一起的操作。例如，假设在数据库中有一个信息表格，表格中包含了雇员的姓和名，在一些特殊的情况下，程序的使用者可能希望将完整的名字记录打印出来，而不只是单独获得姓和名。在 Python 中，每个使用引号包围起来的数据项都会被看作一个单独的字符串，例如下面的例子：

```
>>> "Tom"
'Tom'
>>> "Adension"
'Adension'
```

有很多的办法来拼接多个字符串，最简单的方法是使用数学中常见的运算符方法：

```
>>> "Tom"+"Adension"
'TomAdension'
```

除了显示地使用+号外，还可以采取下面的做法：

```
>>> "Tom""Adension"
'TomAdension'
```

从上面的例子中可以看到，多个字符串都被连接起来了；通常情况下在
Python 中，解释器依次读取这些字符串，因为在连接两个字符串时，没有特意
添加空格等符号。在这种情况下：Python 解释器将它们看作一个字符串，而不
是两个。为了更好地将文本显示出来，通常有两种解决方法：第一种方法是在
第一个字符串后面手动添加一个空格，如下所示：

```
>>> "Tom" "Adension"
'TomAdension'
```

但是，我们并不建议使用这种方法来添加空格。因为在阅读这段代码时，
无法用肉眼来很容易地确定一个字符串的后面有没有加了空格。除了上面的方
法外，还可以简单地使用一个分隔符，例如下面的代码：

```
>>> "Tom"+" "+"Adension"
'Tom Adension'
```

除了使用空格来分隔两个字符串外，还可以使用其他的分隔符，例如下面
的代码使用点号来分隔人名中的名和姓：

```
>>> "Tom"+"."+"Adension"
'Tom.Adension'
```

用 print 函数连接字符串

在打印字符串时，如果 print 函数中需要打印的字符串超过一个，print 函数会自动地在两个字符串之间插入空格。因此，在使用 print 函数输出时没有必要使用空格分隔符。相反，在这里只要使用逗号将不同的字符串隔开即可。

```
>>> print("Tom","Adension")
Tom Adension
```

2.4   字符串方法

Python 的强大之处就在于它有很多内置的函数，可以很方便地使用这些函数来完成我们的需求。字符串有很多可以使用的函数，下面介绍一些。

2.4.1   find 函数

find 函数实现了在一个长字符串中查找较短子字符串的功能。这个函数的返回是子字符串所在位置的开始左端索引。如果在长字符串中没有找到对应的子字符串则函数会返回-1。注意字符串的 find 函数并不是返回布尔值，如果函数的返回值是 0，那就说明 find 函数在索引为 0 的位置找到了子串。

```
>>> 'a moon there,and moon here'.find('there')
7
>>> 'Python"s best friends'.find('Python')
0
>>> 'Python"s best friends'.find('best')
9
>>> 'Python"s best friends'.find('ends')
```

```
17
>>> 'python"s best friends'.find('s')
7
>>> 'Python"s best friends'.find('z')
-1
```

除了从开始的位置来查找对应的字符串之外，find 函数还能够设定可选的起始点和结束点参数：

```
>>> '@@@ get happy today!!!@@@'.find('@@@')
0
>>> '@@@ get happy today!!!@@@'.find('@@@',1)
22
>>> '@@@ get happy today!!!@@@'.find('!!!')
19
>>> '@@@ get happy today!!!@@@'.find('!!!',0,16)
-1
```

在上面的代码中，不同起点和结束点所对应的结果不同。通常情况下，在 Python 中，函数的起始位置和终止位置（第二和第三个参数）产生的搜索字符串位置会包含第一个索引，但不包含第二个索引。这种做法在 Python 中比较常见。

▍2.4.2　join 函数

可以使用 join 函数来连接多个不同的字符串，并且通过函数参数来指定连接的字符。如下面的例子：

```
>>> ''.join(['1','2','3','4','5'])
'12345'
```

```
>>> '+'.join(['1','2','3','4','5'])
'1+2+3+4+5'
```

2.4.3　lower 函数

Python 中使用 lower 函数来返回字符串的小写形式：

```
>>> 'TO BE OR NOT TO BE, THIS IS A QUESTION'.lower()
'to be or not to be, this is a question'
```

如果在对文字进行操作时，可以忽略字符的大小写情况，就可以使用这个函数来将所有字母转换为小写形式。比如我们想要查找一个列表中是否有某一个包含字符串'ted'的用户名，而用户输入的是'Ted'，这样系统就会认为没有对应的用户名。如果列表中保存的是'Ted'而用户输入'ted'甚至'TED'，这样也不能找到对应的字符。这时候我们就需要使用 lower 函数将对应的字符转换为小写格式。

2.4.4　replace 函数

可以使用 replace 函数来替换一个字符串中的某些连续字符，使用函数后，会返回一个经过修改的字符串，而原来的字符串并没有改变。

```
>>> 'let us testing it'.replace('us','ss')
'let ss testing it'
```

上面的代码完成了替换一个单词的功能，replace 函数有两个参数，'us'是需要被替换的字符串，'ss'是替换的字符串。

2.4.5　split 函数

可以使用 split 函数将一个字符串进行分割处理，根据分割的标志不同，这个函数会返回不同的值。

```
>>> '1+2+3+4+5'.split()
['1+2+3+4+5']
>>> '1+2+3+4+5'.split('+')
['1', '2', '3', '4', '5']
>>> 'using the time'.split()
['using', 'the', 'time']
```

2.4.6　strip 函数

可以使用 strip 函数去掉一个字符串两边的（不包括内部）空，这样返回的字符串就是在前后不含有空格的字符串：

```
>>> '   we only keep the internal whitespace        '.strip()
'we only keep the internal whitespace'
```

这个函数很有用，如果用户的输入中不小心多加了几个空格，可以使用这个函数来将这些无用的空格去除。除了去除前后位置的空格，也可以指定需要去除的字符，然后把它们当成 strip 函数的参数，例如下面的程序：

```
>>> '!!!!Happy today ** let go**'.strip('!')
'Happy today ** let go**'
>>> '!!!!Happy today ** let go**'.strip('!*')
'Happy today ** let go'
```

在上面的例子中，当 strip 函数的参数中有多个字符时，函数将会同时对这些字符标志进行处理。

2.4.7　translate 函数

translate 函数可以实现和 replace 函数一样的功能，用于替换字符串中的一些字符，不同的是，translate 函数只会处理单个字符。优点是可以同时进行多个替换，有时候使用 translate 函数的效率会高于 replace 函数。

2.5　字符串格式化

在上面的情况中，我们都是已经知道了一个字符串中的全部内容。但是在有些情况下，有些位置上的字符可能在编写代码时并不清楚，因此需要将这种情况考虑进来，通常情况下，我们将这种方式命名为字符串格式化。Python 提供了两种方法：一种是使用%符号来完成格式化，另一种是使用 format 函数来完成格式化。

print 函数格式化

通常情况下，%号会与 print 函数一起完成格式化任务。在 print 函数的参数中，可以使用以%为标志的转换说明符对数据进行格式化输出。在 Python 中使用转换说明符来代表一个占位符，在程序输出时，这里的数值会被表达式的值代替。例如下面的代码：

```
>>> age=10
>>> print('我已经%d 岁了！ '%age)
我已经 10 岁了！
```

在使用 print 函数来完成格式化时，将需要格式化的字符串用引号包围起来，在需要使用格式化的地方放置一些转换说明符。上面的程序中使用%d 来表述说明符，在字符串输出后，这个位置上的内容会被后面的 age 变量的值所替代。

当需要格式化的字符数超过一个时，可以包含多个转换说明符，对应的后面参数也得提供多个表达式，用以替换对应的转换说明符；多个表达式要使用小括号()包围起来：

```
name="小明"
age=8
homesite="陕西省"
print("%s 已经%d 岁了，我的家乡是%s。"%(name,age,homesite))
```

运行上面的程序后，可以得到下面的结果。在上面的代码中我们使用了不同类型的转换说明符，其中 s 对应于字符串，d 对应于数值。

小明已经 8 岁了，我的家乡是陕西省。

表 2-2 列出了 Python 中一些常见的转换说明符。

表 2-2　常见的转义字符

转换说明符	解释
%d、%i	转换为带符号的十进制整数
%o	转换为带符号的八进制整数
%x、%X	转换为带符号的十六进制整数
%e、%E	转换为科学计数法表示的浮点数
%f、%F	转换为十进制浮点数
%g	智能选择使用 %f 或 %e 格式
%G	智能选择使用 %F 或 %E 格式
%c	格式化字符及其 ASCII 码

除了使用上面的转换说明符，还可以为转义字符指定最小输出宽度（即至少占用多少个字符的位置）：

● %5d 表示输出的整数宽度至少为 5。

● %7s 表示输出的字符串宽度至少为 7。

下面的程序显示对同一个数据进行不同长度的格式化后的输出：

```
num=12345678
print("n(10):%10d."%num)
print("n(5):%5d."%num)

s="to be or not to be ,this is a question!"
print("question(50):%50s."%s)
print("question(20):%20s."%s)
```

将上面的文件运行后，就可以得到下面的结果：

```
n(10):   12345678.
n(5):12345678.
question(50):                   to be or not to be ,this is a question!.
question(20):to be or not to be ,this is a question!.
```

从上面程序的运行结果可以发现，对于整数和字符串，如果数据的实际宽度小于指定宽度，输出的结果会在左侧用空格补全；但是当数据的实际宽度大于指定宽度时，输出的结果会按照数据的实际宽度输出。所以说，这里指定的只是最小宽度，当数据的实际宽度足够时，指定的宽度就没有实际意义了。

通常情况下，使用 print 函数输出的数据是右对齐的。即当数据的长度不够时，数据总是先在右边输出，而在左边补充空格以达到指定的宽度。Python 通过在最小宽度数值前增加一个标志来改变对齐方式，常见的标志如表 2-3 所示。

表 2-3　对齐方式

标志	说明
-	指定左对齐
+	表示输出的数字总是带着符号；正整数带+，负数带-
0	表示宽度不足时补充 0，而不是补充空格

对于整数数据而言，当指定数据左对齐时，在右边补 0 是没有效果的，因为这样会改变整数的值。对于小数数据而言，上面的三个标志能够同时使用。但是对于字符串数据而言，只能使用-标志，因为符号对于字符串没有意义，而补 0 的做法会改变字符串的值。将下面的代码输入一个新建的文件中，并运行：

```
n=1234567
#%09d 表示最小宽度为 9，左边补 0
print("n(09):%09d"%n)
#%+9d 表示最小宽度为 9，带上符号
print("n(+9):%+9d"%n)


f=132.9
#%-+010f 表示最小宽度为 10，左对齐，带上符号
print("f(-+0):%-+010f"%f)


s="Hello"
#%-10s 表示最小宽度为 10，左对齐
print("s(-10):%-10s."%s)
```

运行上面的代码后可以得到下面的结果：

```
n(09):001234567
n(+9): +1234567
f(-+0):+132.900000
s(-10):Hello      .
```

对于小数（浮点数）类型的数据而言，print 函数还能够指定小数的数字位数，也可以理解为小数的输出精度。输出精度值要放在最小宽度之后，两者中间使用点号隔开；也可以不写最小宽度，只写精度。具体格式如下：

```
%x.yf

%.yf
```

其中 x 表示最小宽度，y 表示输出精度。将下面的代码输入一个新文件中，然后运行这个文件：

```
f=3.141592653
#最小宽度为 8，小数点后保留 3 位
print("%8.3f"%f)
#最小宽度为 8，小数点后保留 3 位，左边补 0
print("%08.3f"%f)
#最小宽度为 8，小数点后保留 3 位，左边补 0，带符号
print("%+08.3f"%f)
```

运行上面的代码后，可以得到下面的结果：

```
   3.142
0003.142
+003.142
```

format 格式化

除了使用 print 函数来进行格式化处理，Python 中还可以使用 format 函数来完成字符串的格式化，常用的 format 函数语法如下：

```
s.format(args)
```

在上面的语法中，s 表示处理的字符串，args 表示要进行格式转换的项，如果有很多个项，每个项之间使用逗号进行区分。在表示显示样式格式时，需要使用大括号和冒号来指定占位符，其完整的语法格式为：

{[index][:[[fill]align][sign][#][width][.precision][type]]]}

在上面的格式中用[]括起来的参数表示可选的，既可以使用，也可以不使用。每个参数的含义如下。

index：表示后边设置的格式要作用到 args 中第几个数据，数据的索引从 0 开始。如果省略此选项，则会根据 args 中数据的先后顺序自动分配。

fill：表示空白位置应该填充的字符。如果填充字符是逗号且需要格式化的数据是整数或者浮点数，这个整数（或者浮点数）将以逗号分隔的形式输出，例如，5000000 会输出 5,000,000。

align：表示数据的对齐方式，常见的对齐方式如表 2-4 所示。

表 2-4　align 对齐符号

align	含义
<	数据左对齐
>	数据右对齐
=	数据右对齐，同时将符号放置在填充内容的最左侧，该选项只对数字类型有效
^	数据居中，此选项需和 width 参数一起使用

sign：表示数据是否有符号，常见的值以及对应的含义如表 2-5 所示。

表 2-5　sign 的值与含义

sign	含义
+	正数前加正号，负数前加负号
-	正数前不加正号，负数前加负号
空格	正数前加空格，负数前加负号
#	对于二进制、八进制和十六进制数，若使用此参数，各进制数前会分别显示 0b、0o、0x 前缀；反之则不显示前缀

width：表示输出数据所占据的宽度。

precision：表示可以保留的浮点数的位数。

type：表示输出数据的具体类型，常见的类型如表 2-6 所示。

表 2-6　type 的值和含义

type	含义
s	对字符串类型格式化
d	十进制整数
c	对十进制整数自动转换对应的 Unicode 字符
e 或者 E	转换成科学计数法后，再格式化输出
g 或者 G	自动在 e 和 f（或 E 和 F）中切换
b	将十进制数自动转换成二进制表示，再格式化输出
o	将十进制数自动转换成八进制表示，再格式化输出
x 或者 X	将十进制数自动转换成十六进制表示，再格式化输出
f 或者 F	转换为浮点数（默认小数点后保留 6 位），再格式化输出
%	显示百分比（默认显示小数点后 6 位）

习题

1. 尝试在 IDLE 中输入下面的字符，并观察得到的结果：

（1）"Hello world"。

（2）"Python Crash"。

（3）"Trackback"。

（4）"spam eggs"。

（5）"she said that"。

（6）"in my opinion"。

（7）"let us do it"。

（8）'are you ok?'。

（9）'several lines'。

（10）'import string'。

（11）'http://www.python.org'。

（12）"let's go"。

（13）'she said "I like moon"'。

（14）'he says "Do you have time?"'。

（15）"""I like the moon"""。

（16）"""you are great"""。

（17）"""yes ,i do"""。

（18）"""are you sure?"""。

2. 使用 str 函数来创建下面的字符：

（1）str("2")。

（2）str("do you know")。

（3）str("i love banana")。

（4）str("she is fond of apple")。

（5）str("they go to the hill")。

（6）str("pi is infinite")。

3. 使用 repr 函数来创建下面的字符：

（1）repr("import template")。

（2）repr('can you show me this time?')。

（3）repr("from string")。

（4）repr("it is a good time")。

（5）repr('i love China')。

（6）repr('a gentleman must never show his socks')。

（7）repr("i'm ok")。

（8）repr("you're sure")。

4. 使用 print 函数打印下面的字符:

（1）print('a')。

（2）print(3*4)。

（3）print(4*'b')。

（4）print("enough for you")。

（5）print('Python is groovy')。

（6）print("This text really won't do anything")。

（7）print("""i ate 8 bananas""")。

（8）print("'This courageous Young Lady of Norway'")。

5. 尝试使用 "+" 或者使用 print 函数来串联下面的多个字符串:

（1）"boom","eek"。

（2）'there was a Young Lady of Norway', 'bottles would be enough'。

（3）'there are', '2', 'types of people'。

（4）'this is the ', 'left side ', 'of a string'。

（5）"Its fleece "," was white ","as snow"。

（6）'watch that', ' comma', ' at the end'。

（7）'I had this ', 'thing', ' that you could type up right.'。

6. 使用字符串的 find 函数来查找特定字符串的位置:

（1）在字符串"eggs"中查找"e"。

（2）在字符串"eggs"中查找"g"。

（3）在字符串"eggs"中查找"m"。

（4）在字符串"compute the percentage of the hour that"中查找"of"。

（5）在字符串"principle is not defined"中查找"we"。

7. 将下面的字符串转换成小写和大写形式:

（1）"Enough for you"。

（2）'a gentleman MUST never show his socks'。

（3）'there was a Young Lady of Norway'。

（4）'http://www.python.org'。

（5）'can you show me this time?'。

（6）"Python Crash"。

（7）"she is fond of apple"。

8. 按下面的要求对字符串进行替换：

（1）"Its fleece "将前面字符串中的"Its"替换成"we"。

（2）"""i ate 8 bananas"""将前面字符串中的"i"替换成"They"。

（3）"you're sure"将前面字符串中的"sure"替换成"OK"。

（4）"import template"将前面字符串中的"template"替换成"time"。

（5）'watch that'将前面字符串中的"atc"替换成"i"。

（6）' that you could type up right.'将前面字符串中的"type"替换成"write"。

（7）'a gentleman MUST never show his socks'将前面字符串中的"MUST"替换成"need"。

9. 将下面的字符串根据要求进行划分：

（1）"Enough for you"根据空格来划分字符串。

（2）'a gentleman! MUST never show !his socks'根据"!"来划分字符串。

（3）'there! was a @Young @Lady of Norway'根据"!"来划分字符串。

（4）'http://www.python.org'根据"."来划分字符串。

（5）'can you @show me this@ time?'根据"@"来划分字符串。

（6）"Python &&Crash"根据"&"来划分字符串。

（7）"she #is fond #of apple"根据"#"来划分字符串。

10. 尝试将下面字符串的前后空格去除然后在 IDLE 显示屏上打印出来：

（1）" boom eek "。

（2）' there was a Young Lady of Norway bottles would be enough'。

（3）' there are types of people'。

（4）'this is the left side ', 'of a string '。

（5）"Its fleece was white   as snow"。

（6）' watch that comma　at the end'。

（7）'　I had this　thing　that you could type up right. '。

11．在实际生活中，我们可能会用到不同形式的货币表示，尝试将下面的数值分别用货币形式和科学计数法形式输出：

（1）1000000。

（2）2340000。

（3）845200022200。

（4）90222100032000000。

（5）4220。

（6）33330020002。

（7）3349947766222。

12．尝试将下面的小数按一定的要求打印出来：

（1）0.345　格式：百分号形式。

（2）4.3325　格式：浮点数，保留 8 位小数。

（3）123.4566　格式：浮点数，一共 9 位数，保留 5 位小数。

（4）882.223333　格式：浮点数，一共 9 位数，保留 5 位小数。

（5）29302.3008503　格式：浮点数，一共 10 位数，保留 5 位小数。

（6）0.126　格式：百分号形式。

（7）16.325　格式：浮点数，保留 5 位小数。

13．列举常见的转义字符以及它们的用途。

14．和同学们讨论，在什么情况下使用字符串来处理数据会比较方便？

第 3 章　数值与运算符

数值在我们的日常生活中占据了比较重要的地位，出门买菜、手机上网等都需要使用到数字。在一些工程类项目中，数值更是比较常见的，用数值来计算距离，用数值来代表角度大小。

3.1　不同类型的数值

在不同情况下，相同的数值会显示不同的结果，例如，当处理人民币数据时，软件可以将 1 元表示为 1.00 元；但是如果想了解车辆的行驶距离，那么我们更常使用小数点后一位来表示距离大小，例如 32.9 公里；当涉及一些比较大的数值时，可能会使用较大的数值单位来表示，例如使用万元来近似表示公司财产数。

由上面的例子可以看出，并不是所有的数值都是相互关联的。因此，我们在编写程序时，需要注意使用数值大小的范围和形式，这样才不会在程序运行后出现难以想象的错误。通常情况下，使用数值的方式有两种：第一种是告诉 Python 不断地表现某一个动作，第二种是用数值来对现实世界中的物体建模，使用一些数学手段对物体进行刻画。一般情况下，Python 解释器会内置一些数值类型，这样我们不需要自己构思如何表示这些数值以及这些数值可以实现的操作。

Python 中的数值

Python 中有三种比较常见数值类型：整型、浮点型和虚数。在 3.0 之前的版本中，Python 使用不同的方法来处理数值较大的数。我们可以将介于 -2147483648 和 2147483647 之间的数看作整型，将那些绝对值更大的数看作长整型。现在这两种类型已经合并，所以整型用于表示整数，无论这个整数是正数还是负数。

为了在 Python 中确定不同数值数据的类别，可以使用一个特殊函数——type 函数。将需要判读的数据作为 type 函数的参数时，Python 解释器会返回这个数据的类型，例如：

```
>>> type(864)
<class 'int'>
>>> type(2171)
<class 'int'>
>>> type(99999999)
<class 'int'>
>>> type(1.04)
<class 'float'>
>>> type('sss')
<class 'str'>
```

虽然在我们看来 15.0 和 15 的数值大小相同，但是 Python 解释器会自动将数值 15.0 看作一个浮点数；没有.0，数值 15 被当作整数 15 来处理，这是一个不同于浮点数的数值类型。

从数学上来讲，整数和浮点数的区别在于：浮点数有小数部分，表示了不能被整数划分的特性。例如 17.21、52.34、0.0012344 这些数，以及那些包含小数部分的任意数值都能作为浮点数。这样的数值类型可以用来处理具有可分性质的事物，例如一个人的身高、体重等。

整数是那些可以表示序数的数，如 1、2、3，另外还包括 0 和负数，如-1、-2、-3。

我们可以将小数称为实数，通常情况下，这些数会有小数点而且后面有很多的小数位，如 1.125、0.54333 和-133.555465。

在 Python 中，我们可以将小数称为浮点数，使用英文字符 float 来表示，因为这些数相对于整数而言是"浮动"的，所以称之为浮点数。例如 0.00123457556 或 12345.699765 都是浮点数。

为了方便使用，Python 中能够使用一些函数将其他类型的数据转化为数值类型，比如使用 int 函数，将其他类型数据转化为整数，使用 float 函数将其他类型数据转化为小数。其他类型的数必须满足转换函数的要求，否则使用这些转换函数时，Python 解释器会报错。例如下面的程序：

```
>>> int('15')
15
>>> int(15)
15
>>> int(15.5)
15
>>> float('15.3')
15.3
>>> float(15.3)
15.3
>>> float(15)
15.0
>>> int('14e2')
Traceback (most recent call last):
  File "<pyshell#6>", line 1, in <module>
    int('14e2')
ValueError: invalid literal for int() with base 10: '14e2'
>>> float('2.3e-3')
0.0023
```

3.2 操作符

Python 中为了使数值运算的能力更加强大，提供了一系列的操作符，例如+、-、*和/等。它们被称为操作符的原因是这些符号会"操作"或处理放在符号两边的数值。Python 中也将等号"="看作为一个操作符，并将它称之为赋值操作符，这个符号的作用和数学中的作用不太相同。

我们可以将操作符理解为对符号两边的数据进行一定操作符号。这些操作有如下几种：检查、运算、赋值等等。

在数学中能够实现算术运算的加减乘除都可以看作为操作符，我们将这些符号操作的数据称为操作数，即能够完成操作运算的数据。

Python 中的除法操作比较特别，在 Python 中使用除法符号"/"对两个整数进行相除的运算，最终得到的结果是一个浮点数，如果想在两个整数进行除法时得到的商为一个整数，那么我们可以使用符号"//"来进行整数间的除法运算：

```
>>> 7/2
3.5
>>> 7//2
3
```

3.3 运算优先级

在进行复杂的数值运算时，我们应当考虑一些不同操作符号之间的运算顺序，例如，看一下下面的数学等式：

$$2+3*5=25$$

这个等式的结果是否正确？还是可以写成下面的等式：

$$2+3*5=17$$

一个等式的结果除了要考虑特定操作符完成的任务外，还应该考虑不同操作符之间的运算顺序问题。如果我们对上面的数学表达式先进行加法运算，那么会得到：

$$2+3=5$$

在完成加法操作后，我们就可以进行下一步的操作，在这里是乘法运算：

$$5*5=25$$

在进行完两个操作符的运算后，上面的表达式就可以得到一个确定的结果了。如果对上面的表达式采取不同的运算顺序，会得到另外一种结果，这里，我们可以先对上面的表达式进行乘法运算：

$$3*5=15$$

在完成乘法操作后，便可以进行加法运算，然后得到这样的结果：

$$2+15=17$$

在完成这两个操作符的任务后，我们就可以得到一个最终的结果。在数学学科中，第二个运算的顺序是符合表达式意义的，所以能够得到正确的答案 17。但是在编程语言中，计算机并不一定会知道上面的表达式应该采取哪一种运算方式，为了使表达式得到和数学计算一样的结果。Python 在遇到操作符时，会考虑不同操作符之间的优先级顺序，对于高优先级的操作符，可以先进行运算，对于那些优先级比较低的操作符，运算的操作会排在后面。在数学学科中，为了指定不同操作符操作的先后顺序，定义了运算优先级：这个优先级可以指定先进行哪些操作符，后进行哪些操作符，从而确保操作符的位置对表达式的运算没有影响。

下面，我们来分析上面的表达式。在这个例子中，虽然加号是排在乘号前面，但是按照优先级的顺序，在进行表达式处理时必须先操作乘法运算符。Python 解释器中定义的优先级顺序和数学学科中的优先级顺序相同，所以 Python 解释器在遇到这个表达式时先进行乘法操作后进行加法操作。为了验证这个想法，我们在 Python 的交互模式中输入这个表达式，并观察 Python 解释器返回的结果是否像我们上面分析的。

```
>>>2+3*5
17
```

Python 解释器中定义的优先级和数学学科中的一样，在所有优先级中，指数操作符具有最高的优先级，即指数运算是最先完成的。排在指数操作符后面的运算符是乘法运算符和除法运算符，最后是加法运算符和减法运算符。这样的运算顺序通常被称为自然运算顺序，在某些情况下，我们希望能够改变这些自然运算顺序,此时可以像数学学科中的那样使用一个圆括号来完成这个任务，对于那些想提前进行的表达式，可以在这个表达式的两边加上一对圆括号，比如下面的表达式：

```
>>> (2+3) *5
25
```

在上面的表达式中，因为加法表达式的两端有一对运算符，所以 Python 解释器会首先进行加法操作的运算，这样可以得到结果 5，在完成圆括号的操作后，Python 解释器会继续进行乘法运算 5*5，计算后可以得到结果 25。

3.4 其他操作符

除了上面的四个运算符外，Python 中还提供了两个比较重要的操作符：指数运算以及求余运算。

指数

在程序中，如果我们想实现 5 个 3 的连乘操作，可以像下面这样表示：

```
>>> 3*3*3*3*3
```

243

我们可以换一种思维来看待连乘操作，上面的连乘可以等同于 3^5，或者解释为 "3 的指数为 5"，即 "3 的 5 次幂"。在 Python 中可以使用一个双星号来代表指数运算或者将一个数自乘为一个幂。

```
>>> 3**5
```

243

在其他的编程语言中，通常会使用不同符号表示指数操作。一个最常用的符号是上三角标志 "∧"（例如3∧5）。但如果在 Python 中使用这个符号，你不会得到系统的错误消息提示，但是系统返回的结果并不准确。因为在 Python 中上三角标志表示了其他意思。为了在 Python 得到指数操作，我们一定要使用**操作符来表示自乘为一个幂。

使用指数操作符可以节省我们输入代码的时间，同时防止在代码输入时存在一些问题。另外，使用指数操作符还可以实现非整数幂的运算功能，例如下面的代码：

```
>>> 3**5.5
```

420.8883462392372

取余操作

在 Python 中使用除法时，我们可以发现，如果对两个整数进行除法操作，Python 解释器会返回一个整数值。这样的结果说明了 Python 解释器完成了一个整数的除法运算。不过，在通常的整数除法中，答案实际上由两个部分组成。

在数学学科中，如果两个数进行除法运算后，一个数不能被另外一个数整除，我们除了会得到一个整数值外，还会得到一个余数，这个余数表示被除数中不能被除数整除的部分，例如下面的例子：

```
7/2=3，余数是 1
```

7/2 的结果中会得到一个商（这个商是一个整数值），在上面的例子中就是 3，还有一个余数值，在上面的例子中余数是 1。在 Python 中进行两个整数的除法，会得到商的值，但是 Python 解释器并没有返回余数的结果。

为了得到除法运算中的余数，可以使用 Python 中的一个特殊的操作符，这个操作符是取余操作符，符号是百分号（%），可以像这样使用：

```
>>> 7%2
1
```

因此，我们可以同时使用整除操作符//和取余操作符%，就可以得到整数相除的完整答案：

```
>>> 7//2
3
>>> 7%2
1
```

在上面的例子中，将 7 除以 2 得 3，余数是 1。

3.5 科学计数法

一般情况下，我们计算的数值都比较小，因此常见的数值表示方式能够应对生活中的数值问题。但是如果对两个非常大的数进行乘法运算，最后的结果会是一个数值非常大的数，在这个时候我们需要使用一种特别的方式。在 Python 的交互模式下中输入下面的代码：

```
>>> 3432423666.344*23423434.22
8.03991499637799e+16
```

在上面的例子中，两个比较大的数值相乘后，得到的结果可能会超过 15 位，但是 Python 解释器并没有将这个数值直接输出，在答案中我们可以看到一个字符 e。在计算领域中，字符 e 是用来显示非常大或非常小的数的一种方法。我们可以将这种方式称为 E 记法。处理非常大的数时，如果要将所有数字和小数位都显示出来会比较麻烦。这种形式的数值在一些工程领域中比较常见。例如，如果在一个天文程序中显示从地球到 Z 星的公里数，可能会显示为540000000000000000 或者 540 000 000 000 000 000(54 后面有 16 个 0)。不论显示的是哪种格式，我们都比较难以对这些数值有一个直观的理解。

为了能够很好地显示这些数值，我们可以考虑在 Python 中使用科学计数法。科学计算法就是用一个小数然后乘以一个 10 的幂值，小数表示基数，幂值表示数的阶数。在科学计数法中，地球到 Z 星之间的距离可以写作：5.4×10^{17}。这读作"5.4 乘以 10 的 17 次幂"或者"5.4 乘以 10 的 17 次方"。我们可以这样理解这个表示：将 5.4 的小数点向右移 17 位。

E 记法

在 E 记法中，地球到 Z 星之间的距离可以写为 5.4E17 或者 5.4e17。读作"5.4 指数 17"或者"5.4e17"。一般情况下我们假设指数是 10 的幂，这样上面的数可以表示为 5.4×10^{17}。在 Python 中，可以使用大写或者小写的 E 来表示指数的基。

对于非常小的数，例如数值 0.00000004289，我们能够用 E 记法来表示负指数。科学计数法会写作 4.289×10^{-8}，E 记法会写作 4.289e-8。负指数中的"负"表示把小数点向左移而不是向右移。

习题

1. Python 中常见的数值类型有几种，它们分别有什么区别？

2. 说出下面数值的类型：

（1）12。

（2）12.0。

（3）1333。

（4）59.03。

（5）22.0。

（6）33466。

（7）57357。

3. 使用 Python 的 IDLE 来计算下面的表达式：

（1）13+42+64。

（2）84-44-44。

（3）85*2。

（4）583/4。

（5）549+63/2。

（6）4*4+2。

（7）995-2*4。

（8）884+94/4。

（9）4393//3。

（10）993+343/2+34//3。

（11）993//3+4//2。

（12）38**4。

（13）99-33*3。

（14）994-42*44%3。

（15）99+44**2%3。

4．说出下面表达式的优先级顺序：

（1）3995+454-2。

（2）（454-33）*3。

（3）344+43*2。

（4）883*（343-2）。

（5）234*343/2。

（6）9943-343+343-4*2。

（7）8834-（234-34）*3。

（8）343*34-23。

（9）34/34+4。

（10）（34+（343*2-2））*3。

（11）343**2+2。

（12）3**2*2。

（13）14**（42%3）。

（14）33+454-22**2%5。

5．对下面的数进行科学计数法的表示：

（1）342424234234。

（2）234234234234322。

（3）234344.23424234。

（4）23434.45。

（5）65645.4245。

（6）895767。

（7）4535。

（8）543534。

第 4 章　变量和输入

4.1　命名变量

如果在代码中总是将字符串和数值书写出来会使编程变得很困难，因为程序员需要不断地记住很多的字符串和数值内容。计算机的内存使得它可以比人记住更多的细节，利用计算机这种能力是编程中一个很重要的部分。然而，为了更加灵活地使用数据，可以给数据命名，之后可以用这些名词引用这些数据。

在 Python 中，我们可以对经常使用的数据进行命名操作，这样程序就能使用名字来寻找对应的数据，从而方便编程。Python 可以为很多数据提供命名的功能，例如：数字、文本、图片或者音乐等。这些数据被 Python 保存在一个特定的地方，每当我们需要使用对应的数据时，只需要调用一下名字就可以了，然后 Python 解释器会寻找对应的数据内容。

通常情况下，我们可以将数据的名称统称为变量名，因为这些名称所代表的数据内容是可以改变的，但是名称可以一直不改变。

在 Python 的交互模式 IDLE 中输入如下代码：

```
>>> name="Prof Zhao"
>>> print(name)
Prof Zhao
```

在 Python 中可以使用等号（=）连接计算机数据（字符串或者数值）和变量名字。变量的名称可以随便起，因为这个变量的名称并不能决定变量所代表的数据内容信息。在上面的程序中，将字符串数据"Prof Zhao"和变量名字 name

相连接，这个操作可以认为将变量名 name 所代表的内容改变为"Prof Zhao"，然后程序使用 print 函数将变量 name 中的内容输出在屏幕上。变量的说明如图 4-1 所示。

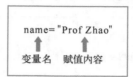

图 4-1 变量说明图

虽然在给一个变量起名称时，命名的名称和内容不需要有什么特别的联系，但是当给数据起一个有意义的名字时，还是希望这个名字能够说明数据内容的特性，或者数据在程序中的使用方式。例如，如果想要盘点一下商店里面的灯泡个数，对于不同用途的灯泡，我们可能希望由不同的变量来表示：使用一个变量表示货架上的灯泡数，以及使用一个变量表示那些正在使用的灯泡数。

```
>>> lightcloset=7
>>> lightlamps=13
```

当商店对外售卖灯泡时，便可以使用这两个变量来分别应对不同的情况，使用中的灯泡可以用于商店的照明，或者向客户展示灯泡的效果，而货架上的灯泡是那些用于售卖的存货。当需要不同状况下的灯泡数目时，分别找到对应的变量即可。

4.2 修改变量

当我们将数值数据或者是字符串数据赋给一个变量后，可以使用一些简单的方法来改变这些变量的内容信息。

修改变量的值

在前面章节中已经学到的数据操作都可以用到变量中，于是对数值的处理，可以很方便地使用变量名称来完成对应的功能：

```
>>> say="a world"
>>> say=say+", i love you"
>>> print(say)
a world, i love you
>>> num=0
>>> num=num+1
>>> print(num)
1
>>> print(num+1)
2
```

在任何情况下，如果在等号的右边将一个变量名所代表的内容赋给等号左边的变量，即使等号两边出现了相同的变量名，Python 也只是将这些变量名看作对应的数据内容而已。我们可以通过图 4-2 和图 4-3 来具体看一下变量修改值的情况。

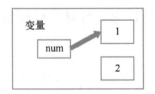

图 4-2　变量修改值前，值的指向

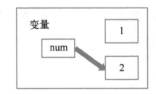

图 4-3　变量修改值后，值的指向

在这样的情况下，Python 解释器会先提取右边变量的内容并计算经过操作后的结果，等右边等式的操作全都完成后，将这个结果赋给左边变量。经过这样的处理后，虽然变量名会一起出现在等号两侧，但是 Python 会执行正确的操作，而没有引发混乱。

复制数据

将一个数据内容赋给一个变量，这样我们可以很方便地使用变量名称来访问对应的数据内容，因为 Python 没有强求一个数据内容只能由一个变量引用，因此我们可以使用多个变量名称对同一个数据进行引用处理：

```
>>> num=1
>>> numpaied=num
>>> print(numpaied)
1
```

在两个变量名中间使用赋值号时，Python 解释器完成了如下的操作：首先提取右边变量所代表的内容，然后将这个数据内容赋值给左边的变量名称。

```
>>> numpaied=numpaied+1
>>> print(numpaied)
2
>>>
```

4.3　命名规则

在 Python 中，不能使用一些特殊的名字作为变量的名称，这些名称有特殊的用途，我们可以将这些名称看作 Python 的保留词，如果使用了这些保留词，Python 解释器就会报错，常见的保留词如下所示：

and	as	assert	break	class	continue	def	del
elif	else	except	exec	False	finally	for	from
global	if	import	in	is	lambda	not	None
or	pass	print	raise	return	try	True	while
with	yield						

除了不能使用这些保留词外，变量的名称还应当满足一些特殊的要求：变量名称不能够用数值或多数的非字母符号为开头（例如斜杠、加减号、逗号等），但是可以使用下画线来对变量进行命名。因为使用下画线来命名变量可以满足特殊的情况。

4.4 注释

使用注释是一种很有用的方式。本书前面编写的程序中都只包含 Python 代码，虽然可以通过慢慢读取代码来理解不同部分的功能，但是随着程序越来越复杂，慢慢读取的方法会消耗很多的时间和精力。如果在程序中添加了一些必要的注释，那么当我们再次面对这些程序时，就可以很快地回想起代码所对应的内容。

单行注释

在 Python 中，通常会使用字符"#"（#号）来表示注释，Python 解释器会自动忽略井号后面的内容，从而使注释的内容不对程序产生任何影响。例如，在一个新建的文件中输入以下代码：

```
#向别人表达问候
print("Hi people!")
```

将这个文件保存，并运行，能够发现在 IDLE 中只是显示了 Hi people!这几个字符，而注释中的"向别人表达问候"这几个字并没有出现在屏幕上。因为程序在运行时第一行的注释内容会被 Python 解释器忽略。Python 的注释只具有代码的说明功能而没有代码运行功能。

行末注释

除了在新的一行上面添加注释外，还能够将注释添加在代码的后面，从而方便理解该行代码所完成的功能，像下面这样：

```
money=price*num#计算需要花费的金钱
```

和单行注释一样，行末注释也是从字符#开始，在字符#后面的内容表示对程序的注释。

多行注释

有时候，对代码的说明可能会超过一行，这个时候可能想使用多行的内容来添加对应的注释。在这样的情况下，我们可以使用多行注释来完成这一任务，多行注释使用多个单行注释来拼接完成，像下面这样：

```
#****************
#我们编写了一个多行注释
#在多行注释中
#有多个单行的注释
#****************
```

多行注释能够突出代码段的效果，在我们阅读不同代码时，可以清楚地区分不同代码段的功能。在程序开始的地方使用多行注释来列出作者的名字、程序名程序的功能，以及那些可能有用的其他信息。

除了使用单行注释来完成多行注释的功能，Python 中还提供了一种建立多行注释的方法，我们只需要使用三层引号就能创建一个多行注释：

```
"""
我们编写了一个多行注释
在多行注释中
有多个单行的注释
"""
```

注释能够实现这些功能：描述代码的任务，以及程序是如何完成编写要求的。在开始编写程序时，你会对代码的不同部分很了解，可是经过一段时间后，就有可能遗忘一些细节。虽然我们总是能够依靠研究代码来明白程序的工作原理，但是使用注释能够节省很多的时间和精力。

为了将注释的功能发挥出来，我们需要使用有用的注释，例如：

- 阐述选择过程。
- 解释项目的细节。
- 表明项目的运行环境。
- 说明程序中可能会遇到的问题。

4.5 程序输入

在一个常见的程序中，通常会有三个组成部分：输入、处理和输出，如图 4-4 所示。在之前章节的学习中，我们了解了处理信息和将需要的数据在屏幕上显示的方法。本节将介绍程序的输入部分。

图 4-4 程序处理流程图

在 Python 中，使用 input 函数来读取使用者给程序的输入信息，例如：

```
>>> input('你的名字：')
你的名字：宫崎骏
'宫崎骏'
```

在交互模式下，使用 input 函数来读取程序需要的输入数据，我们将 input 函数括号中的字符内容称为输出参数，这些参数使程序能够在计算机屏幕上显示信息，输出参数会提示程序使用者输入的信息。例如，上面的代码在"你的名字："后面输入"宫崎骏"后，程序将输入信息读入程序里，经过一定的处理后再次输出。如果想要使用代码的输入，可以将这段文字和一个变量名连接起来，在下面的程序中可以直接使用这个变量：

```
>>> name=input('你的名字：')
你的名字：宫崎骏
>>> print(name)
宫崎骏
```

input 函数能够从外部环境中得到一个字符串数据，一般情况下，用户会通过键盘输入想要表达的数据。

如果希望通过输入的方式得到一个数值数据，可以使用 int 函数或者 float 函数来实现不同数据之间的转换：

```
temp_string=input()
fahrenhiet=float(temp_string)
```

在上面的程序中，使用 input 函数得到用户的输入，这个数据为字符串类型。然后使用 float 函数将这个字符串转换为一个浮点数。在上面的代码中，我们可以得到温度，然后将温度数值赋值给一个变量。上面使用两步来完成数据的读取和转换功能，在 Python 中可以只用一步可以完成所有这些工作，输入下面的代码：

```
fahrenhiet=float(intput())
```

比较一下，两段代码完成了相同的功能，它们都是通过用户的输入字符串数据来创建一个数值数据，第 2 段代码将这两个步骤一起完成。

我们来看一个具体的例子，下面的代码用来完成华氏温度和摄氏温度之间的转换：

```
print("This program converts Fahrenheit to Celsius")
```

```
print("Type in a temperature in Fahrenheit: ")
fahrenheit=float(input())
celsius=(fahrenheit-32)*5.0/9
print("That is",celsius,"degrees Celsius")
```

运行代码后，我们可以得到下面的结果：

```
This program converts Fahrenheit to Celsius
Type in a temperature in Fahrenheit:
23.4
That is -4.777777777777779 degrees Celsius
```

如果想要得到一个整数数据，可以使用 int 函数将外部键入的数据进行转换，例如：

```
response=input("How many students are in your class: ")
numberOfStudents=int(response)
```

习题

1. 完成下面的变量命名和赋值操作：

（1）用一个变量表示的书房内的书本数量，书本数量为 10000。

（2）厨房内板凳的数量，通常情况下会有 4 个板凳。

（3）操场上正在做广播操的学生数量，在早上的时候，会有 1000 名学生，但是在下午时，只有 993 名学生。

2. 判断下面的变量命名是否正确，如果不正确，说明原因：

（1）happy_is_today。

（2）_money_amount。

（3）time_program。

（4）Ilike4you。

（5）hELLO。

（6）isthat?。

（7）sdfs。

（8）klkie00。

（9）003dkk。

（10）0039_033。

（11）ldklio—22。

（12）lld__3434。

（13）!kddk。

（14）lldd((ld。

（15）**lkdkd。

（16）9383（）*……%。

3．将下面的变量进行赋值和修改操作：

（1）将变量 c 赋值为 33，再修改为 675。

（2）将变量 look 赋值为"look"，再修改为"ok"。

（3）将变量 go 赋值为 23，再修改为 6345。

（4）将变量 m 赋值为 343，再修改为表达式 134+343*2 的结果。

（5）将变量 df 赋值为"424"，再修改为将其中字符"4"替换成"88"。

（6）将变量的 ddf 赋值为 3433，再修改为表达式 939*343//3 的结果。

（7）将变量 okk 赋值为 334，再修改为"334"。

（8）将变量 li 赋值为"ldkjd"，再修改为 93930。

（9）将变量 th 赋值为表达式 933*33/3，再修改为"933*33/3"。

4．编写一个程序，可以读取一些外部输入：

（1）需要记录外部程序打招呼的用词。

（2）记录当天商店内的销售额。

（3）询问参加晚会的人数。

5. 新建一个文件，将下面的信息作为注释输入到文件中：

（1）这个代码完成了对系统进行初次测试的功能。

（2）这个代码的作者是 Ted。

（3）下面函数的功能是对一个值取平方根。

（4）编写如下代码的时间是 2030 年。

（5）代码在某一个时间点会有信息输出。

（6）这个代码可以获得其他输入设备的输入信息。

（7）这行代码可以作为输入流。

（8）使用汉明窗来计算傅里叶变换。

（9）子带滤波器的大小为 8。

（10）程序可以输出一段语音信号。

第 5 章　判断是非

5.1　进行判断

有时候程序不一定是按照一个顺序来运行的，可能需要根据输入做不同的选择，例如下面的几种情况：

- 如果文件没有找到，就显示错误消息。
- 如果绿灯亮，就走。
- 如果红灯亮，就把车停在那里。

在上面的情况中，我们首先需要对一个条件进行判断，然后再决定执行哪一个步骤。在第一个情况中，如果程序没有找到需要的文件，我们可以认为这个条件是正确的，因此 Python 会显示一个错误的输出信息。在 Python 中测试一个条件是否正确的方法很有限，每个条件验证后的最终结果只有两种情况：真情况（true）或者假情况（false）。

通常情况下，Python 会判断下面的一些条件：

- 这两个数值相等吗？
- 某一个数值是不是大于另外一个数值？
- 其中一个是不是大于另一个？

如果说第一个测试条件是真情况，我们能够理解这样的字眼表示说明含义，但是程序可能不会太理解这里到底发生了什么。因此我们需要一种能够让 Python 明白的方式来表示测试。

例如，当我们想要知道某位同学 Tim 的答案是否正确时，我们需要将 Tim 的答案和正确的答案进行对比，所以我们可以将这个判断语句写成下面的形式：

> **如果 Tim 的答案等于正确答案**

如果 Tim 的答案是正确的，这两个变量就是相等的，所以条件（condition）为真（true）。如果答案不正确，这两个变量就不相等，条件则为假（false）。

一般情况下，我们可以将不同的结果称为分支，这就像一棵树一样，虽然只有一个根系，但是会有很多的枝系。程序根据测试的结果来决定沿哪个分支执行剩下的代码。

为了在 Python 中很好地使用判断语句来应对不同的情况，Python 内置了一种特殊的数据类型：布尔数据类型（bool）。这种数据类型只有两个值类型：True 和 False。其中 True 表示条件为真，False 表示条件为假，如下所示：

```
>>> True
True
>>> False
False
>>> type(True)
<class 'bool'>
```

5.2 if 语句

除了使用布尔类型来判断条件的真假外，Python 还使用关键字 if 来测试一个条件。if 语句是基本的条件测试语句，会测试可能遇到的不同情况，并根据当前的情况来选择合适的操作（见图 5-1）。基本的 if 语句如下：

```
if <条件 1>:        #条件为真，执行语句 1，否则进行下面的判断
    <语句 1>
elif <条件 2>:       #条件为真，执行语句 2，否则执行 else 下的语句
    <语句 2>
else:              #前面的语句都为假，执行语句 3
    <语句 3>
```

　　通常将语句 1、语句 2 这样的代码段称为代码块。程序中的代码块是指一行或放在一起的多行代码，这些代码和程序中的某个功能有关。在 Python 中，为了实现代码段的功能，会使用缩进来区分不同的代码段。if 语句的结尾处的冒号表示下面的代码就是一个代码段,这个代码段包含了缩进后面的所有代码，这些代码完成了 if 语句满足真条件下应该运行的程序。

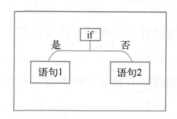

图 5-1　判断流程图

　　Python 中的缩进是指代码的开始行稍微靠右一点。它的位置不是从一行的最左端开始的，在不同的代码段前会有一定的空格，所以不同的代码段会从距左边界几个字符之后开始。

　　当条件 1 为真时，程序就会运行语句 1，否则，程序会运行其他的程序。对于上面的程序而言，程序会继续判断条件 2 的状态，然后再做同样的操作。通常情况下，可以只使用 if 语句，例如：

```
if <条件 1>:        #当条件 1 为真，执行语句 1 中的代码
    <语句 1>        #
                    #否则就跳过语句 1
```

或者：

```
if <条件 1>:        #当条件 1 为真，执行语句 1 中的代码
    <语句 1>
else:               #条件 1 为假时，则执行下面的语句 2
    <语句 2>
```

当出现了非常复杂的情况时,可以使用多个 elif 判断语句来增加判断的层次:

```
if <条件 1>:          #当条件 1 为真,执行语句 1 中的代码
    <语句 1>

elif <条件 2>:        #当条件 2 为真时,执行语句 2 中的代码
<语句 2>

elif <条件 3>:        #当条件 3 为真时,执行语句 3 中的代码
    <语句 3>

else:                #前边所有的条件都为假,则执行语句 4
    <语句 4>
```

5.3　相等判断

在Python 中,有时候会遇到一些情况需要判断两个事物是否相等,这时就需要使用两个等号来进行相等测试,然后会得到一个结果,可能为 True 或者为 False。

```
>>> 1==1
True
>>> 1==2
False
```

Python 中使用双等号"=="来进行相等判断,如果两个数据不同,结果为 False。如果数据相同,结果为 True。我们可以比较不同数据类型的相对情况,例如下面的代码:

```
>>> 1.93==18
False
```

```
>>> 12.0==12
True
```

除了上面的数值数据外，也可以使用双等号对字符串的内容进行判断：

```
>>> a="apple"
>>> b="banana"
>>> c="apple"
>>> a==b
False
>>> b==c
False
>>> a==c
True
```

5.4　不相等判断

除了判断两个数据是否相等外，我们在有些时候还需要比较两个数据是否不相同，这个时候可以将感叹号和等号一起使用，这样就可以完成对两个数据进行不相等的判断，如果两个数据不相等，则得到 True 值，否则就得到 False 值。

```
>>> 18==18
True
>>> 23!=23
False
>>> 17!=0
```

```
True
```

在上面的例子中，如果两个数据使用双等号==判断得到的是 True 值，那么使用感叹号加等号！=判断将得到 False 值；反之，如果两个数据在用双等号==判断时得到 False 值，那么使用感叹号加等号！=判断将得到 True。

5.5 大小判断

除了相等性的判断外，在有些情况下，我们希望知道两个数据的具体大小，例如其中一个数据是否大于另外一个，或者某个值是否小于另外一个值。Python 提供了这样的运算符号："＞"和"＜"。在程序中，我们使用"＜"来比较左边的值是否比右边的小，如果左边的数值小于右边的话，就返回 True 结果，否则就返回 False 结果。符号"＞"用于判断左边的值是否比右边的值大，如果左边的数值大于右边的话，就返回 True 结果，否则就返回 False 结果。

```
>>> 5<3
False
>>> 10>2
True
```

上面的例子使用"＜"和"＞"判断两个数值的大小。除了比较数值数据外，我们也可以对字符串进行比较。字符串的比较应当满足单独的一个字符的比较。如果是字母的话，可以使用这样的方式来排序位置：大写的"A"是最小的字母，然后是"B"和"C"……最后是"Z"。排在"Z"后面的就是小写字母，其中"a"是最小的小写字母，"z"是最大的小写字母。因此小写字母大于所有的大写字母。

```
>>> "a">"b"
False
>>> "A">"b"
False
>>> "A">"a"
False
>>> "b">"A"
True
```

如果比较的字符串的长度多于 1 时，Python 解释器会依次比较每个字母，直到发现一个不同的字母。最后的比较的结果将依赖于那个不同的字母。如果两个字符串完全不同，那么最后的结果可以由第一个字母决定：

```
>>> "aaac">"aaab"
True
>>> "zazc">"ii"
True
>>> "Za">"za"
False
```

在有些情况下，有些字符串中有大小写混乱的情况，我们使用字符串的特殊方法——lower 函数将需要比较的字符串都转换为小写形式，那么比较两个相似单词的大小写不一致的问题就可以被忽略，lower 函数可以将一个字符串中的所有字母都变为小写格式，然后返回一个新创建的字符串。还有一个将所有字母转换为大写的 upper 函数，它们适用于 Python 中的所有字符串：

```
>>> "Green"=="green"
False
```

```
>>> "Green".lower()=="green".lower()
True
>>> "Green".lower()
'green'
>>> "Green".upper()=="green".upper()
True
>>> "green".upper()
'GREEN'
```

除了上面的方式外，还可以使用下面的方式来进行比较：

```
>>> "Green".lower()=="green"
True
```

因为字符串"pumpkin"是小写格式的，可以不对它使用 lower 函数。例如，如果用户在输入字符串时，错误地输入了一个字母，将字符串中的某个字母大写，这时对两个需要比较的字符串进行小写格式的转换可以避免一些错误。例如下面的程序：

```
>>> "Green".lower()=="gReen"
False
>>> "Green".lower()=="gReen".lower()
True
```

如果将一个字符串赋值给了一个变量，我们可以通过这个变量来访问字符串：

```
>>> strname="light"
>>> strname
```

```
'light'
>>> strname.lower()
'light'
>>> strname.upper()
'LIGHT'
```

大于等于和小于等于

除了单独使用大于和小于这两个比较符外，还可以使用一种混合的比较符。将这两个比较符号和等号相结合，就可以用一种比较有意义的方式来比较不同的数据：

```
>>> 76>76
False
>>> 76>=89
False
>>> 15<15
False
>>> 15<=15
True
```

5.6　取反操作

在有些情况下，我们可能希望知道结果是否为真，而有时候希望知道结果是否不为真。Python 中提供了一个用于取反的操作符：使用单词 not 对一个判断结果取相反的结果。例如下面的代码：

```
>>> not True
```

```
False
>>> not 986
False
>>> not 0
True
>>> not True
False
```

not 运算符可以将 True 或者 False 结果的判断得出相反的结果。通常情况下，任意非零值都会被 Python 解释器当作 True，所以当我们需要得到一个相反的结果时可以使用 not 操作符：

```
>>> not 345>20
False
>>> not "A"<"z"
False
```

5.7　多个比较运算的结果

上面的例子中只是对两个数据进行了判读，在有些情况下我们需要将多个运算的结果合并，程序通过这样的综合结果，可以做出更加复杂的决策。

一种比较常见的组合是 and 运算符，表示了求两个条件判断的并，具体含义是"如果左边的运算值或者对象为 True，接着判断 and 运算符。如果左边的结果不是 True，就停止下面的判断并且输出结果 False"。例如下面的代码：

```
>>> True and True
True
>>> False and True
False
>>> True and False
False
>>> False and False
False
```

　　另一种组合运算是 or 运算符。含义是对两个判读结果取或的结果，具体的含义是"首先对左边的表达式求值，如果它为 False，Python 将继续对右边的表达式求值。如果它为 True，Python 将停止对更多的表达式求值，从而返回一个 True 的结果，否则会继续比较下一个判断条件直到最后的表达式"。例如下面的代码：

```
>>> True or True
True
>>> True or False
True
>>> False or True
True
>>> False or False
False
```

　　除了对两个判断条件进行这些组合操作外，还可以使用多个组合操作符：从最左边的 and 或者 or 开始求值，根据之前的规则继续对后续运算求值，从而得到一个最终的条件结果。

　　表 5-1 中列出了一些比较操作符。

表 5-1　比较操作符

比较操作符	判断条件	条件描述
==	相等	检查两个东西是否相等
<	小于	检查第一个数是否小于第二个数
>	大于	检查第一个数是否大于第二个数
<=	小于或等于	检查第一个数是否小于或等于第二个数
>=	大于或等于	检查第一个数是否大于或等于第二个数
!=	不等于	检查两个东西是否不相等

习题

1. 判断下面程序的最终输出，并解释原因：

（1）初始状态下变量 a 的数值大小为 10，

```
if a<5:
    print("变量 a 的数值小于 5")
else:
    print("变量 a 的数值大于或等于 5")
```

（2）初始状态下变量 b 的数值大小为 15：

```
if b==10:
    print("变量 b 的数值等于 10")
else:
    print("变量 b 的数值不等于 10")
```

（3）初始状态下变量 c 的数值大小为 15：

```
if c<=10:
```

```
        print("变量 c 的数值小于或等于 10")
    else:
        print("变量 c 的数值大于 10")
```

（4）初始状态下变量 d 的数值大小为 34：

```
    if d<5:
        print('变量 d 的大小小于 5')
    elif d<10:
        print('变量 d 的大小大于 5 但是小于 10')
    elif d<20:
        print('变量 d 的大小大于 10 但是小于 20')
    else:
        print('变量 d 的大小大于或等于 20')
```

2. 判断下面的组合条件应该使用什么样的操作符：

（1）小明需要在明天早上 6 点起床并且在 7 点前吃完早饭。

（2）2 路公交车会经过静香河并且也会经过鸡鸣寺。

（3）如果学校的班车经过桃园就不能经过橘园。

3. 将下面的语句转换成代码形式：

（1）如果 a 大于 3 就输出"a 大于 3"，否则输出"a 不满足条件"。

（2）如果小明和小红的钱总数大于 10 元，那么他们就去超市买水果。

（3）如果现在的时间在晚上 5 点之前，则打电话告诉妈妈会回去吃饭。

（4）如果超市的门还开着，我们就会去买点东西。

（5）如果在 8 点夏莉还没有到集合的地点，我们就先出发了。

（6）如果小明和小红锻炼的时间小于 3 个小时，就让他们每天晚上去跑步。

（7）如果变量 k 的内容为"ok"，则让变量 a 赋值为 33。

4. 使用"="将下面语句转换成代码格式：

（1）变量 a 等于变量 cc。

（2）变量 dc 等于变量 ti。

（3）变量 money 等于变量 hismoney。

（4）变量 nowtime 等于变量 hework。

（5）变量 home 等于变量 address。

（6）变量 show 等于变量 look。

（7）变量 room 等于变量 left。

（8）变量 shoff 等于变量 ssd。

（9）变量 computer 等于变量 buyer。

（10）变量 cup 等于变量 coff。

5. 使用不等号将下面语句转换成代码格式：

（1）变量 a 不等于变量 cc。

（2）变量 dc 不等于变量 ti。

（3）变量 money 不等于变量 hismoney。

（4）变量 nowtime 不等于变量 hework。

（5）变量 home 不等于变量 address。

（6）变量 show 不等于变量 look。

（7）变量 room 不等于变量 left。

（8）变量 shoff 不等于变量 ssd。

（9）变量 computer 不等于变量 buyer。

（10）变量 cup 不等于变量 coff。

6. 对下面语句的判断结果取反：

（1）变量 a 的大小等于 4。

（2）变量 c 的大小不等于 44。

（3）现在的时间是 5 点。

（4）路上的车辆数是 88。

（5）我们要经过 12 条马路。

（6）今天晚上会吃鱼。

（7）超市里面还剩一些牛奶。

（8）今天的气温有 32 摄氏度。

（9）教室里面没有一个人。

（10）香蕉 3 元一斤。

7. 对下面的数值进行大小判断：

（1）变量 a 的值大于变量 c。

（2）变量 a 的值大于或等于变量 c。

（3）变量 a 的值小于变量 c。

（4）变量 a 的值小于或等于变量 c。

（5）变量 a 的值不等于变量 c。

（6）变量 a 的值等于变量 c。

第6章　列表

　　有时候可以把很多的东西放在一起，放在某个"组"或者"集合"中，这样的想法对编写代码很有帮助。如果所有需要的数据都在一个变量里面，我们就可以一次对整个数据进行某些处理，也能更方便地记录一组东西。为此，Python 内置了一种数据结构来实现这样的功能，即列表，如图 6-1 所示。

图 6-1　列表示例图

6.1　创建列表

如　果要创建一个班级成员列表，在 Python 中，你可以写成这样的形式：

Student=['Tom','Jack','Ted']

　　如果你有很多喜欢的数字，当需要在 Python 中同时表达时，可以用下面的代码：

LikeNums=[59,6,28,7,3]

上面的 Student 和 LikeNums 变量都是 Python 列表的例子,我们将列表中的元素称为项或者元素。可以发现,Python 中的列表与你在日常生活中建立的列表并没有太大差异。列表使用中括号来表示一种独特的数据类型,并且使用逗号分隔列表内的各项。

在 Python 中使用中括号来创建一个列表,为了在后续程序中使用这个列表,可以将新创建的列表赋给一个变量。还可以创建一个空列表,代码如下:

```
newList=[]
```

空列表表示列表中没有任何元素。在很多情况下,我们无法提前知道列表中会有些什么,不知道其中会有多少个元素,也不知道这些元素具体是什么数据类型,唯一知道的就是会用一个列表来保存这些内容。有了空列表后,我们就可以很方便地向这个列表中增加元素。

Python 中可以使用 list 函数将一个字符串中的每个字符转换为列表中的一个项,例如下面的代码:

```
>>> list('iloveyou')
['i', 'l', 'o', 'v', 'e', 'y', 'o', 'u']]
```

6.2　添加元素

为了向一个列表中添加新的元素,可以使用列表自带的 append 函数,为了使用列表的函数,需要在列表变量名后面使用一个点号 "."。在交互模式下输入下面的代码:

```
>>>students=[]
>>>students.append('David')
>>>print(students)
```

运行上面的代码后，可以得到下面的结果：

```
['David']
```

当再向列表中添加一个元素时，可以得到下面的结果：

```
>>> students.append('Marry')
>>> print(students)
['David', 'Marry']
```

为了能够使用 append 函数，程序中必须有一个已经存在的列表，否则 Python 解释器会报错。在使用 append 函数时，列表名字和 append 函数之间有一个点号。这个点号表示列表本身有这个函数，我们能够使用点号获取列表的函数并进行对应的操作。

可以将列表看作一堆事物的集合，我们能够在列表中存储任何类型的数据，包括数字、字符串等。Python 中并不要求列表中的元素是同样类型的数据。因此，在列表中可以同时容纳不同类型的数据，例如同时存在数字和字符串：

```
messList=[74,26,56.42,'ilove',445]
```

6.3 获取内容

当我们已经有一个列表后，下一步应该考虑如何获取列表中的元素。一种方式是：按元素的索引号来获取对应的元素。在计算机中，所有的顺序都是从 0 开始的，因此为了获得列表中的第一个元素，可以使用下面的代码：

```
>>> alp=[1,2,3,4]
>>> alp[0]
1
```

如果想要得到列表中的其他元素，首先按照顺序往后推导得到对应元素的索引号，然后使用得到的索引号对列表进行访问。

列表中的索引代表了位置序号，我们可以把索引当成是书本的页码，不同的页码对应不同的内容。因此使用不同的索引可以得到列表中的不同的元素。

为了得到列表中的不同元素，我们需要知道元素的索引位置。但是对于长度未知的列表而言，需要获取最后一个元素，可以使用下面的简单方法来获取最后一个元素：

```
>>> greeting='Hello'
>>> greeting[-1]
'o'
```

使用 input 函数获取外部的序列信息后，如果我们不需要全部的输入信息，而是对某一个位置上的信息感兴趣，那么可以直接对返回结果进行索引操作。例如，假设你只对用户输入年份的第 4 个数字感兴趣，那么，可以进行如下操作：

```
>>> fourth=input('Year: ')[3]
Year: 2027
>>> fourth
'7'
```

新建一个文件，输入下面的代码。下面的程序需要输入当前的年、月（1～12 的数字）、日（1～31）信息，然后将当前的时间信息打印出来。

```python
#输入一个年份然后输出对应的日期
nameofmonth=[
    'January',
    'February',
    'March',
    'April',
    'May',
    'June',
    'July',
    'August',
    'September',
    'October',
    'November',
    'December']

#用后标来表示日期
endings=['st','nd','rd']+17*['th']\
        +['st','nd','rd']+7*['th']\
        +['st']

numyear=int(input('年份: '))
nummonth=int(input('月份(1-12): '))
numday=int(input('日(1-31): '))



#对年月日进行转换
tagyear=numyear

tagmonth=nameofmonth[nummonth-1]
```

```
tagday=str(numday)+endings[numday-1]


print(tagmonth+' '+tagday+'.'+str(tagyear))
```

下面是程序执行的一部分结果：

```
年份: 2020
月份(1-12): 5
日(1-31): 20
May 20th.2020
```

上面的方法是使用索引来获得列表中的一个元素，除了这种方法之外，Python还提供了一个名为"切片"的技术，这个技术可以得到列表中的多个元素。可以尝试输入下面的代码：

```
>>> alp=[1,2,3,4]
>>> alp[1:3]
[2, 3]
```

切片技术中使用了多个索引号，常见的切片形式为：

```
beginindex:endindex
```

其中的 beginindex 表示了获取的第一个元素的索引信息，endindex 表示获取最后一个元素的索引号的后面一个索引位置，即这个位置上的元素并不在最后的输出里面。

和使用索引方法会得到一个元素数据不同，使用切片技术获得列表中元素时，最终的结果是一个列表，这个列表是原来列表的复制版本，而使用索引方法时，只会得到一个元素，运行下面的代码来思考这两者的区别：

```
>>> alp=[0,1,2,3,4]
>>> alp[0]
0
>>> alp[0:1]
[0]
```

从上面的程序中，可以明显发现用索引方法和切片方法来获取列表中元素时的不同，为了确定这些方法得到数据的类型，可以使用 type 函数来判断：

```
>>> print(type(alp[0]))
<class 'int'>
>>> print(type(alp[0:1]))
<class 'list'>
```

上面程序中显示了两个方法返回数据的类型，索引方法最后得到的是一个数值类型，切片方法最后得到的是一个列表类型。同时，我们可以将切片方法得到的列表数据赋给一个变量，然后对这个变量进行一些特定的操作，而这些操作并不会对原来的列表产生任何影响，因此这种方法保证了程序的鲁棒性。

当获取的元素和列表开始元素或者最后一个元素相关时，可以使用一种简单的方法：

```
>>> alp=[0,1,2,3,4,5,6]
>>> alp[:3]
[0, 1, 2]
```

当使用切片方法获取多个元素时，若需要从第一个元素开始，可以省略冒号前面的 beginindex，在上面的例子中是数字 0，同时我们可以将冒号后面的数字看作为需要获取的元素个数。当使用切片方法获取多个元素时，需要的元素到达最后一个元素时，可以省略冒号后面的 endindex，在下面的例子中是 7：

```
>>> alp[4:]
[4, 5, 6]
```

为了复制整个列表，我们可以使用下面的方法：

```
>>> alp=[0,1,2,3,4,5]
>>> alp[:]
[0, 1, 2, 3, 4, 5]
```

使用这个方法可以得到原来列表的一个副本，对这个副本进行任何的操作都不会影响到原来的列表。

下面的代码是使用列表的切片技术来获取需要的信息，首先，程序会要求输入一个网站的地址名称，然后将网站的关键信息输出：

```
#对网站 http://www.something.com 消息进行提取

urlname=input('请输入网站消息: ')
keyname=urlname[11:-4]
print("关键名称: "+keyname)
```

运行上面的程序后，可以得到下面的结果：

```
请输入网站消息: http://www.python.org
关键名称: python
```

除了使用切片技术对列表进行元素复制外，切片技术还能够实现插入新元素的功能：

```
>>> numbers=[1,5]
>>> numbers[1:1]=[2,3,4]
>>> numbers
[1, 2, 3, 4, 5]
```

在上面例子中，开始时列表 numbers 只有两个元素，内容是数字 1 和 5，使用切片技术来定位第 1 个元素的位置，然后将一个新列表赋给第一个位置上的元素，这样在列表 numbers 的第一个位置上的元素就变成了新列表中的元素，而原来位置上的元素会向后移动一定的位置，这个方法实现了两个列表的混合功能。

除了有添加元素的功能外，切片技术还具有删除列表中元素的功能：

```
>>> numbers=[1,2,3,4,5,6]
>>> numbers[1:4]=[]
>>> numbers
[1, 5, 6]
```

在上面的例子中，开始时列表 numbers 中有 6 个元素，内容是数字 1～6，首先使用切片技术来确定需要删除元素的位置，为了删除这些元素，将这个位置上的元素赋予一个空列表，从而可以实现删除这些元素的功能。

6.4 修改内容

在创建好一个列表后，通常情况下，我们需要对列表中的元素进行修改，和字符串数据类型不同，列表中的元素可以改变。因此在 Python 中使用普通赋值语句便能够对列表元素进行修改操作：

```
>>> x=[0,1,2,3]
```

```
>>> x[1]=7
>>> x
[0, 7, 2, 3]
```

　　在上面的例子中，首先使用索引技术来确定需要修改的元素位置，再通过赋值操作将修改后的元素赋给原来的元素，这样列表中的元素就发生了变化。在对列表进行修改时，我们需要注意：使用的索引位置不能超过列表本身的长度，如果使用了超出长度的位置，就会访问不存在的元素，那么 Python 就会报错：

```
>>> x=[0,1,2,3]
>>> x[10]=5
Traceback (most recent call last):
    File "<pyshell#12>", line 1, in <module>
        x[10]=5
IndexError: list assignment index out of range
```

　　在上面的例子中，原来的列表长度为 4，就不能使用索引为 10 的值进行赋值操作。否则 Python 解释器会报告一个错误，如果要那样做，就必须创建一个长度大小至少为 11 的列表。

6.5　删除元素

　　当不再需要保存列表中某个位置上的元素时，我们应当将这个元素删除，Python 中可以使用 del 语句来删除某一个元素，例如下面的例子：

```
>>> names=['Alice','Beth','Ted','Dee','Earl']
```

```
>>> del names[3]
>>> names
['Alice', 'Beth', 'Ted', 'Earl']
```

在上面的代码中，首先，使用索引方法定位需要删除的元素，然后使用 del 语句就可以完成删除的功能。最后我们可以看出字符串 'Dee' 从列表消失了，并且列表的长度也从 5 变成了 4。

6.6 列表相加和乘法

如果现在需要将两个列表中的内容合并为一个，Python 中可以使用加号来进行连接操作：

```
>>> l1=[1,2,3]
>>> l2=[4,5,6]
>>> l1+l2
[1, 2, 3, 4, 5, 6]
```

在上面的例子中，列表 l1 和列表 l2 中的元素整合到一个列表中了，在进行连接操作时，我们需要注意，加号只能对两个列表类型进行操作，如果加号的两边有其他数据类型存在的话，Python 解释器会报告错误：

```
>>> 'HelloPyth'+[1,2,3]
Traceback (most recent call last):
  File "<pyshell#58>", line 1, in <module>
    'HelloPyth'+[1,2,3]
TypeError: must be str, not list
```

为了使得上面的例子连接成功，可以对字符串运用 list 函数，这个时候将一个字符串转换为了一个列表，然后再进行拼接操作，从而可以得到一个合并后的列表：

```
>>> list('Hello')+[1,2,3]
['H', 'e', 'l', 'l', 'o', 1, 2, 3]
```

用一个数值乘以一个列表会实现生成新列表的功能，在新列表中，原来的列表元素被重复多次：

```
>>> var=[42]
>>> var*10
[42, 42, 42, 42, 42, 42, 42, 42, 42, 42]
>>> var=[1,2]
>>> var*5
[1, 2, 1, 2, 1, 2, 1, 2, 1, 2]
```

如果想创建一个占用 10 个元素空间，却不包含任何有用内容的列表，可以使用上面的方法，对一个元素的列表进行乘法运行，例如[1]*10，或者使用[0]*10。使用这种方法能生成一个包括 10 个 0 的列表。在某些情况下，我们可能会要求使用一个值来代表空值（这个值表示没有任何的数据类型）。可以考虑使用 Python 提供的一个内建值 None，我们可以将这个值理解为"什么也没有"。因此，如果想初始化一个长度为 10 的列表，可以按照下面的例子来实现：

```
>>> sequence=[None]*10
>>> sequence
[None, None, None, None, None, None, None, None, None, None]
```

下面通过一个例子来具体学习一下列表乘法的功能，程序的最后会在屏幕

上打印一个由字符组成的长方形，这个长方形显示在屏幕的中间位置，而且能
根据用户输入的句子自动调整大小。代码包含了我们前面学习的所有内容，可
以自己尝试输入，然后运行得到结果：

```
#在屏幕中间打印一句话

sentence=input('输入一句话: ')

screen_width=80
text_width=len(sentence)
box_width=text_width+4
left_margin=(screen_width-box_width)//2

#print('+'*screen_width)
print(' '*left_margin+'&'+'*'*(box_width-2)+ '&')
print(' '*left_margin+'& '+' '*text_width     +' &')
print(' '*left_margin+'& '+sentence           +' &')
print(' '*left_margin+'& '+' '*text_width     +' &')
print(' '*left_margin+'&'+'*'*(box_width-2)+ '&')
```

运行上面的代码后，可以得到下面的结果：

```
输入一句话: today is very good
                    &*******************&
                    &                   &
                    & today is very good &
                    &                   &
                    &*******************&
```

6.7　成员资格

为了测试一个数据是否在列表中，可以使用 in 运算符。这个运算符检查判断数据是否在一个指定的列表中，然后返回相应的值：如果在列表中就返回 True，如果不在列表中则返回 False。Python 中将这样能够得到布尔数据的运算符称为布尔运算符。下面是一些使用 in 运算符的例子：

```
>>> users=['mlh','foo','bar']
>>> 'mc' in users
False
>>> input('Enter your user name: ') in users
Enter your user name: mlh
True
```

在上面的例子中，首先建立了一个列表，列表中全是字符串，这些字符串都是用户的名字。在系统登录中，我们可以使用 in 运算符来判断输入的用户名是否已经在列表中，并根据返回的情况来做出不同的反应，例如提示用户输入了错误的用户名，或者进入对于用户名的系统中。在上面的代码中，当检测到用户输入一个正确的用户名时，系统在屏幕上输出了"True"。

下面的程序可以用来测试用户输入的用户名和密码是否存在于数据库中。如果用户名和密码这一数值对存在于数据库中，那么就在屏幕上显示一条正确的信息'输入正确'。

```
#检查用户名和密码是否在数据库里面
users=[
```

```
        ['tedsom','8420'],

        ['boll','0721'],

        ['alice','9111'],

        ['tom','5238']

        ]


username=input('姓名: ')

password=input('密码: ')


if [username,password] in users:

        print('输入正确')
```

6.8 一些内建函数

由于 Python 强大的库函数功能，列表中会有一些实用性比较高的内建函数，例如，len 函数可以返回列表中所包含元素的数量，min 函数和 max 函数则分别返回列表中最大和最小的元素。如下面的代码：

```
>>> nums=[422,663,66222]
>>> len(nums)
3
>>> max(nums)
66222
>>> min(nums)
422
```

6.9 常用列表方法

我们已经在 6.2 节中知道了如何使用 append 函数向列表添加元素，不过除此以外还有其他一些方法。

6.9.1 添加元素

在 Python 中，有三个函数可以用于向列表中添加新的元素：append 函数、extend 函数、insert 函数。

append 函数是向列表末尾增加一个元素，例如下面的代码：

```
>>> alphs=['a','b','c','d','e']
>>> alphs.append('m')
>>> alphs
['a', 'b', 'c', 'd', 'e', 'm']
```

我们可以再向列表中添加一个元素：

```
>>> alphs.append('f')
>>> alphs
['a', 'b', 'c', 'd', 'e', 'm', 'f']
```

可以发现上面列表中的字母并没有按照字母顺序进行排列，因为使用 append 函数添加元素时只是将元素添加到列表末尾。

使用 extend 函数可以向列表的末尾添加多个元素：

```
>>> alphs =['a','b','c']
>>> alphs.extend(['p','r'])
>>> alphs
['a', 'b', 'c', 'p', 'r']
```

为了添加多个元素，extend 函数的参数是一个列表。列表中包含了需要在原来列表尾部添加的元素。

如果不想在列表的末尾添加元素，而是在其他的位置上添加一个元素，那么我们可以考虑使用 insert 函数。这个函数能够在列表中的某个位置添加一个元素，即实现了将指定元素添加到列表的指定位置的功能：

```
>>> alphs =['a','b','c','d']
>>> alphs.insert(2,'z')
>>> alphs
['a', 'b', 'z', 'c', 'd']
```

在上面的例子中，我们将字母 z 添加到列表中的 2 号位置。索引号 2 表示了列表中的第 3 个位置。那么在添加一个新元素后，原来位置上的元素会向后移动一个位置，即移到第 4 个位置上，如果这个位置的后面还有其他的元素，那么其他的元素也会向后移动一个位置，这样就实现了在特定位置上添加某个元素的功能。

append 函数和 extend 函数具有相类似的功能，但是它们之间存在细微的差别。我们使用一个列表来查看这两个函数的具体区别。首先，用 extend 函数增加 3 个元素：

```
>>> alphs =['a','b','c','d','e']
>>> alphs.extend(['f','g','h'])
>>> print(alphs)
['a', 'b', 'c', 'd', 'e', 'f', 'g', 'h']
```

现在，用 append 函数完成相同的任务：

```
>>> alphs =['a','b','c','d','e']
>>> alphs.append(['f','g','h'])
```

```
>>> print(alphs)
['a', 'b', 'c', 'd', 'e', ['f', 'g', 'h']]
```

在上面的例子中，情况发生了变化。在使用 append 函数来增加多个元素时，append 函数并没有依次将这些元素添加到列表中，而是将这些元素看成一个列表元素，将这个新列表元素作为一个整体添加到原来的列表中。

insert 函数可以完成与 append 函数相同的任务，只不过你能够使用 insert 函数在特定的位置进行元素的插入，而 append 函数总是把新元素添加到列表末尾。

6.9.2 删除元素

Python 中提供了三种方法用于删除列表的元素：remove 函数、del 语句和 pop 函数。

remove 函数会从列表中删除你选择的元素，然后将这个元素丢弃，如下面的例子：

```
>>> alphs =['a','b','c','d','e']
>>> alphs.remove('c')
>>> print(alphs)
['a', 'b', 'd', 'e']
```

使用 remove 删除列表中元素时，我们不需要知道这个元素在列表中的具体位置，只需确定列表中有这个元素就可以。但是如果你想删除的元素不在列表中，Python 解释器就会返回一个错误信息：

```
>>> alphs =['a','b','c','d','e']
>>> alphs.remove('z')
Traceback (most recent call last):
    File "<pyshell#10>", line 1, in <module>
```

```
alphs.remove('z')
ValueError: list.remove(x): x not in list
```

在上面的章节中，我们已经了解了 del 语句的用法，这里我们再次熟悉一下。del 语句能够使用索引号从列表中删除元素，例如下面的代码：

```
>>> alphs =['a','b','c','d','e']
>>> del alphs[3]
>>> print(alphs)
['a', 'b', 'c', 'e']
```

上面的代码中，我们使用索引号 3 删除了列表的第 4 个元素，也就是字符 d。

上面两个函数删除列表元素时，都没有将列表元素返回。为了得到删除的元素，我们可以考虑使用 pop 函数删除列表的最后一个元素并将这个数据返回给程序，如下面的代码：

```
>>> alphs=['a','b','c','d','e']
>>> let= alphs.pop()
>>> print(let)
e
>>> print(alphs)
['a', 'b', 'c', 'd']
```

除了删除最后一个元素外，还可以使用 pop 函数删除任意位置上的元素，这时我们需要向 pop 函数提供一个索引，如下面的代码：

```
>>> alphs =['a','b','c','d','e']
>>> second= alphs.pop(1)
>>> print(second)
```

```
    b
>>> print(alphs)
['a', 'c', 'd', 'e']
```

在上面的代码中，我们使用索引号 1 删除了第 2 个字母，也就是字母 b，然后将删除后的元素赋给变量 second。

我们将 pop 函数的功能总结如下：当 pop 函数没有额外的参数时，pop 函数会删除最后一个元素，然后将这个元素返回。如果我们给 pop 函数提供了一个位置参数，那么 pop 函数会删除对应位置上的元素，并且将这个元素返回。

6.9.3　搜索列表

当列表中存放了很多元素时，我们会需要查找对应的元素，这时可以使用 Python 提供的两种方法：查找元素是否在列表中和查找元素在列表中的索引位置。

为了在列表中确定是否存在某个元素，可以使用 in 关键字，输入下面的代码并观察现象：

```
alphs =['a','b','c','d']
if 'a' in alphs:
    print("found 'a' in alphs ")
else:
    print("didn't find 'a' in alphs ")
```

运行上面的代码后，可以得到下面的结果：

```
found 'a' in alphs
```

在上面的代码中使用一个条件表达式'a' in letters 来决定 if 语句的输出结果。如果 a 在这个列表中，它会返回 True，否则返回 False。

除了判断一个元素是否在一个列表中之外，还可以使用 index 函数来查找
元素的位置，例如输入下面的代码：

```
>>> alphs =['a','b','c','d','e']
>>> print(alphs.index('d'))
3
```

在上面的代码中，我们使用 index 函数后知道了字母 d 的索引号是 3，这
表示这个元素处于列表的第 4 个位置。和 remove 函数具有一样的效果，如果
在列表中不存在对应的元素，index 函数会给出一个错误，所以最好结合使用
关键字 in：

```
if 'd' in alphs:
    print(alphs.index('d'))
```

6.9.4　列表排序

我们可以将列表看作有顺序的集合，也就是元素有某种顺序，每个元素有
不同的位置，即索引号。在创建一个列表后，列表中的元素就会保持原来的顺
序，除了使用 insert 函数、append 函数、remove 函数和 pop 函数等来对列表进
行一些操作，有时候创建好的列表的顺序并不是你希望的，Python 中提供了 sort
函数来实现对一个类别进行排序的功能。

```
>>> alphs =['d','a','e','c','b']
>>> print(alphs)
['d', 'a', 'e', 'c', 'b']
>>> alphs.sort()
>>> print(alphs)
['a', 'b', 'c', 'd', 'e']
```

　　sort 函数能够实现将字符按照从小到大的顺序排序的功能。但需要注意，使用 sort 函数会对原来的列表产生影响，而不是返回一个已经排序好的列表。因此，将排序好的列表元素输出时，不能使用下面的语句：

```
>>> print(alphs.sort())
None
```

　　在上面的程序中，我们会得到结果"None"。为了将列表中元素的具体消息打印出来，我们首先应该对列表进行排序，然后将列表打印：

```
>>> alphs.sort()
>>> print(alphs)
['a', 'b', 'c', 'd', 'e']
```

　　除了对列表进行从小到大的顺序排列外，在 Python 中，提供了两种方法可以使一个列表按照从大到小的顺序排列。一个方法是先按正常方式对列表排序，然后将列表逆序输出：

```
>>> alphs =['d','a','e','c','b']
>>> alphs.sort()
>>> print(alphs)
['a', 'b', 'c', 'd', 'e']
>>> alphs.reverse()
>>> print(alphs)
['e', 'd', 'c', 'b', 'a']
```

　　在上面的例子中，我们使用 reverse 函数来完成列表逆序的功能，经过这样的处理后，我们得到一个逆序输出的列表。

　　Python 中还提供了另外一种方法：在使用 sort 函数对列表进行排序时，可以给 sort 函数提供一个参数，从而使列表直接以降序排列：

```
>>> alphs.sort(reverse=True)
>>> print(alphs)
['e', 'd', 'c', 'b', 'a']
```

参数名 reverse 表示将列表按照逆序排列。

在对列表进行排序时，所有的操作都是发生在原来的列表上的，在进行排序后，原来的列表已经发生了改变。如果想要实现给列表排序的同时保留原来的列表，可以先复制出一个列表的副本，然后对列表的副本进行排序。这样就能保留原来列表的信息，同时得到一个已经排序好的列表：

```
>>> studentsname=['Tom','James','Ted','Frsad']
>>> newname=studentsname[:]
>>> newname.sort()
>>> print(studentsname)
['Tom', 'James', 'Ted', 'Frsad']
>>> print(newname)
['Frsad', 'James', 'Ted', 'Tom']
```

除了使用副本排序外，Python 还提供了一种方法：sorted 函数，这个函数能够返回一个列表的有序副本：

```
>>> numb=[52,34,62,32,66]
>>> newnumb=sorted(numb)
>>> print(numb)
[52, 34, 62, 32, 66]
>>> print(newnumb)
[32, 34, 52, 62, 66]
```

习题

1. 将下面的内容放在一个列表中：

（1）学生"ted"，"tom"，"alic"，"lucy"。

（2）数值 10, 20, 30, 40。

（3）数值 93, 33, 55, 55。

（4）字符串"crunchy"，"frog"，"ram"。

（5）字符串"lark"，"vomit"，"edam"。

（6）数值 9903, 23, 55, 33.0。

（7）内容字符串"crunchy"，"frog"，和一个列表内容为数值 93, 33, 55, 55。

（8）内容为"spam"，数值 230, 334，一个列表内容为 10, 20。

2. 在一个已经建立好的列表中添加新元素：

（1）列表为学生"ted"，"tom"，"alic"，"lucy"，新增两个学生，姓名为"emily"和"emma"。

（2）列表为数值 10, 20, 30, 40，添加 3 个数字，分别是 343, 33, 4。

（3）列表为数值 93, 33, 55, 55，添加一个字符串"int"。

（4）列表为"trek"，"cannodale"，"redline"，添加一个字符串"specilaized"。

（5）列表为字符串"crunchy"，"frog"，添加一个字符串"spam"。

（6）列表为字符串"h"，"e"，"l"，"l"，添加一个字符串"o"。

（7）列表为字符串"Alice"，"Beth"，"Cecil"，"Dee"，添加一个字符串"Earl"。

（8）列表为"P"，"e"，"r"，添加一个字符串"l"。

（9）列表为字符串"lark"，"vomit"，"edam"，添加一个字符串"spam"。

（10）列表为数值 993, 4543, 343，添加一个字符串"ok"。

3. 获取列表中某一个位置上的元素：

（1）学生"ted"，"tom"，"alic"，"lucy"，列表的第 2 个元素。

（2）数值 10, 20, 30, 40，列表的第 1 元素。

（3）数值 93, 33, 55, 55，列表的第 3 元素。

（4）字符串"crunchy", "frog", "ram"，列表的第 1 元素。

（5）字符串"lark", "vomit", "edam"，列表的第 3 元素。

（6）数值 9903, 23, 55, 33.0，列表的第 2 个元素。

（7）内容字符串"crunchy", "frog"，和一个列表内容为数值 93, 33, 55, 55，列表的第 3 元素。

（8）内容为"spam"，数值 230, 334，一个列表内容为 10, 20，列表的第 2 个元素。

4. 判断一个列表中是否有某一个元素：

（1）列表为学生"ted", "tom", "alice", "lucy"，列表中是否有"alice"。

（2）列表为数值 10, 20, 30, 40，列表中是否有 10。

（3）列表为数值 93, 33, 55, 55，列表中是否有 34。

（4）列表为"trek", "cannodale", "redline"，列表中是否有"alic"。

（5）列表为字符串"crunchy", "frog"，列表中是否有"33。

（6）列表为字符串"h", "e", "l", "l"，列表中是否有"gee。

（7）列表为字符串"Alice", "Beth", "Cecil", "Dee"，列表中是否有"454。

（8）列表为"P", "e", "r"，列表中是否有"d"。

（9）列表为字符串"lark", "vomit", "edam"，列表中是否有"alicd"。

（10）列表为数值 993, 4543, 343，列表中是否有 993。

5. 对下面的列表进行排序：

（1）学生"ted", "tom", "alic", "lucy"。

（2）数值 10, 20, 30, 40。

（3）数值 93, 33, 55, 55。

（4）字符串"crunchy", "frog", "ram"。

（5）字符串"lark", "vomit", "edam"。

（6）数值 9903, 23, 55, 33.0。

（7）内容字符串"crunchy", "frog"。

（8）列表为"P", "e", "r"。

6. 将下面的多个列表进行合并操作：

（1）列表一内容为"ted", "tom", "alic"，列表二内容为"Beth", "Cecil"。

（2）列表一内容为 10, 20, 30, 40，列表二内容为 93, 33, 55, 55。

（3）列表一内容为"P", "e", "r"，列表二内容为"h", "i"。

（4）列表一内容为"crunchy", "frog"，列表二内容为"vomit", "edam"。

（5）列表一内容为"spam", "tom", "alic"，列表二内容为"Beth", "Cecil"，列表三内容为"crunchy", "frog"。

（6）列表一内容为 10, 30, 40，列表二内容为 93, 33, 55, 55，列表三的内容为 993, 44, 995。

7. 找出下面列表中的最大值：

（1）列表内容为 10, 20, 30, 40。

（2）列表内容为 93, 33, 55, 55。

（3）列表内容为"ac", "a", "ab", "c"。

（4）列表内容为"Ac", "a", "AZ", "c"。

（5）列表内容为"ACC", "a", "aB", "c"。

8. 计算出列表的长度：

（1）列表内容为"crunchy", "frog", "ram"。

（2）列表内容为"Alice", "Beth", "Cecil", "Dee"。

（3）列表内容为"ted", "tom", "alic"。

（4）列表内容为 9903, 23, 55, 33.0。

（5）列表内容为"spam"，数值 230, 334，一个列表内容为 10, 20。

第 7 章　循环

　　人类擅长做一些具有创新性的事情，而对一些重复性的事情会感到厌烦，而计算机擅长做这些重复性的事情，并且不会发生错误。

　　计算机程序会提供一种完成重复性任务的框架，我们将这个框架称为循环。通常情况下有两种类型的循环：

- 计数循环，可以重复一定的循环次数
- 条件循环，当循环的条件一直满足时，循环就会持续下去。

7.1　计数循环

　　Python 使用关键字 for 来完成计数循环的功能。我们可以将 for 语句看作 Python 中的循环控制语句，通常情况下，我们会使用 for 语句遍历一个对象，另外，for 语句还有一个额外的 else 语句块。else 语句块是可选的，能够完成 for 语句中包含的 break 语句的运行结果。我们在 for 语句添加 break 语句，可以实现在需要的时候终止 for 循环的功能。除了 break 语句外，还可以在 for 语句中使用 continue 语句。利用 continue 语句跳过位于其后的语句，从而可以忽略当前的循环，直接进行下一个循环。

　　常见的 for 语句的格式如下：

```
for <> in <对象集合>:
    if<条件 1>:
        break      #终止循环
    if<条件 2>:
        continue   #使用 continue 跳过其语句，继续循环
    <其他语句>
```

```
else:              #如果 for 循环被 break 终止，则执行 else 块中的语句
    <>
```

下面我们来看一个关于循环的简单例子。在 IDLE 中新建一个文件，然后将下面的代码输入进去：

```
for k in [0,1,2,3]:
    print("Hello world")
```

保存这个文件并命名为 loop1.py，然后运行程序，可以看到以下的结果：

```
==================== RESTART:loop1.py ====================
Hello world
Hello world
Hello world
Hello world
>>>
```

在上面的代码中，虽然只编写了一个 print 函数，但是在屏幕上却显示了 4 次字符串信息 "Hello world"，我们可以这样来理解第一行代码：

1．首先将 k 值赋为 0，然后执行下面的程序代码块。

2．在所有代码完成后，查看列表中是否还有其他可以操作的元素，如果有，就将 k 值赋为这个列表中的下一个值，依次重复这个过程直到列表没有可以操作的元素。

3．结束这个循环操作，执行下面的代码。

上面程序中的第二行代码是 Python 在每次循环中需要运行的代码块。for 循环需要知道在每次循环时应该完成什么样的任务这个代码块叫作循环体，另外，我们将一个迭代表示一次循环。

除了在每次迭代中运行相似的代码外，还可以在迭代中打印不同的数据内容。尝试运行下面的程序：

```
for k in [0,1,2,3,4,5,6]:
    print(k)
```

新建一个文件，并将上面的内容输入到文件中，然后将文件保存为 loop2.py，运行上面的代码后，会得到下面的结果：

```
==================== RESTART:loop2.py ====================
0
1
2
3
4
5
6
```

运行上面的代码后，和原来的程序不同，程序会不断打印变量 k 的值。打印完一个值后，k 会打印数组中的下一个值。

如果不小心在程序中使得循环停止不下来，这样的程序便会一直循环运行，我们可以将这样的现象称之为无限循环。如果想要停止一个 Python 程序，只需要按下按键〈Ctrl+C〉，也就是按下〈Ctrl〉键的同时再按下〈C〉键。这样的操作会非常方便，因为无论遇到了什么情况，我们都可能暂停程序。

在循环程序中，循环的值应该放在一个列表中。通常情况下，我们会将所有需要循环的数值放在一对中括号里，例如下面的代码：

```
for k in [1,2,3,4,5]:
    print(k,"times 5 =", k*5)
```

运行上面的代码后，能够得到下面的结果：

```
1 times 5 = 5
2 times 5 = 10
3 times 5 = 15
4 times 5 = 20
5 times 5 = 25
```

如果程序中没有使用循环，为了得到相同的效果，应该按照如下的方式来编写代码：

```
print("1 times 5 =",1*5)
print("2 times 5 =",2*5)
print("3 times 5 =",3*5)
print("4 times 5 =",4*5)
print("5 times 5 =",5*5)
```

在上面的一些例子中，需要的循环次数比较少，因此，我们可以自己手动写一个列表用于循环，当需要迭代的次数越来越多时，手动写一个循环列表会非常麻烦，而且很容易出现问题。Python 中提供了 range 函数用于生成一个循环列表。range 函数的调用格式如下：

```
range([start,] stop[,step])
```

使用方括号括起来的参数都是可选的，以上格式中的参数意义如下：

start 表示开始的数值。

stop 表示结束的数值。

step 表示步长大小，即列表中两个数之间的间隔。

为了学习这个函数的具体用法，可以尝试一些下面的代码，这些代码使用

for 语句和 range 函数输出 1~5 的代码：

```
>>> for num in range(1,5+1):
        print(num)
1
2
3
4
5
```

还可以使用 range 函数输出一个 5 的乘法表格：

```
for k in range(1,5):
        print(k,"times 5=", k*5)
```

将上面的程序保存在一个文件中，然后运行，就可以得到这样的结果：

```
1 times 5= 5
2 times 5= 10
3 times 5= 15
4 times 5= 201 times 5= 5
```

上面的代码中，使用语句 range(1,5)返回了一个数值为 1~4 的循环列表，在每次循环时，变量 k 就被赋值为列表中的一个值。

上面的例子中，使用 range 函数时，选择使用步长为 1 来生成循环列表，我们还可以尝试使用其他步长，例如下面的程序：

```
import time
for kk in range(5,0,-1):
        print(kk)
```

```
        time.sleep(1)
    print("BLAST OFF!")
```

上面的程序完成了一个倒计时的功能，在代码中使用 import time 语句调用一个特别的函数，在后面的章节中，我们会具体学习这样语句的功能。

除了使用数字列表完成循环的功能，还可以考虑用字符列表来完成特定的功能。例如下面的程序：

```
    for s in ["Tom","Happy","love","the","world"]:
        print(s)
```

运行上面的代码后可以得到下面的结果：

```
Tom
Happy
love
the
worldTom
```

有时候我们需要在 for 循环结束前，提前离开循环，为此，Python 提供了两种常见的方法：使用 continue 跳过当前循环，而直接运行下一次迭代；使用 break 直接跳出所有循环。

提前跳转语句 continue

如果需要停止当前的循环，而进行到下一个循环过程中，可以考虑在循环的代码块中使用 continue 语句，例如下面的程序：

```
    for k in range(1,7):
        print()
        print('num =',k,end='')
```

```
print('I love',end=' ')
if k==4:
    continue
print('world')for k in range(1,7):
```

运行上面的代码后，可以得到下面的结果：

```
num = 1I love world

num = 2I love world

num = 3I love world

num = 4I love
num = 5I love world

num = 6I love world
```

在上面的代码中，循环过程在第 3 次迭代时没有进行代码块的运行，程序跳转到了下一个迭代。这是因为 continue 语句忽略了当前的循环操作。

跳出语句 break

可以使用 break 语句来跳出当前的循环，直接进行循环后面的操作，例如下面的程序：

```
for k in range(1,6):
    print('k =',k,end='')
    print('I want to',end=' ')
    if k==3:
        break
```

```
print('love the world')
```

运行上面的程序后，可以得到下面的结果：

```
k = 1I want to love the world

k = 2I want to love the world

k = 3I want to
```

在上面的代码中，循环停止在了第 3 次迭代部分，然后直接跳转到下面的结果。

7.2 条件循环

在 Python 中还提供了条件循环来实现循环的功能。可以使用 while 语句来控制条件循环，在不满足测试条件时才会停止。需要注意在 while 的语句块中一定要改变条件的语句，否则会出现死循环，程序就可能不会输出正确的结果。

while 语句使用一个条件语句来决定是否继续进行下面的循环过程，如果条件语句的结果为假，则停止循环过程。和计数循环一样，条件循环也带有一个可选的 else 语句块。如果在条件循环中使用了 break 语句，程序则会运行 else 语句块中的语句。continue 语句也可以用于 while 循环中，continue 语句能够跳出这次循环过程，从而进入下一个循环过程。常见的条件循环过程的一般形式如下：

```
while <条件 1>:
    if<条件 2>:
        break    #终止循环
    if<条件 3>:
```

```
        continue #跳过后面的语句
    <其他语句>
    else:
        <语句>        #如果循环未被 break 终止，则执行
```

while 循环的方法较容易，在开始进行循环前，我们只需要判断条件是否为真，但是在条件循环中，程序很容易出现条件永远为真的情况，这样会导致死循环。为此，在决定条件循环的条件语句时，需要仔细考虑这个条件是否能结束。下面的例子使用条件循环来打印 5 个数字：

```
>>> k=1
>>> while k<=7:
        print(k)
        k=k+1


1
2
3
4
5
6
7
```

和计数循环不同的是，使用 while 语句来访问一个列表，我们需要自己定义一个变量来保存列表的位置信息，例如下面的程序：

```
>>> s=['i','l','o','v','e','w','o','r','l','d']
>>> sl=len(s)
```

```
>>> k=0
>>> while k <sl:
        print(s[k])
        k = k +1
```

i

l

o

v

e

w

o

r

l

d

7.3 并行迭代

Python 提供了很多有用的函数用于序列的迭代操作。常见的一些函数会位于 itertools 模块中，对模块的使用会在下面的章节中具体解释。

前面的程序都是单独对一个列表进行操作，下面的程序同时对两个序列进行循环：

```
names=['anne','beth','george','damon']
ages=[12,45,32,102]
for i in range(len(names)):
```

```
print(names[i],'is' ,ages[i],'years old')
```

保存上面的程序，然后运行，可以得到下面的结果：

```
anne is 12 years old
beth is 45 years old
george is 32 years old
damon is 102 years old
```

上面的程序同时对两个列表 names 和 ages 进行操作。

7.4　嵌套循环

上面的循环中都是只使用了一个循环，除了这种方式外，我们可以将一个循环放在另一个循环中，通常情况下将这些循环称为嵌套循环。例如，我们使用嵌套循环打印 3 个乘法表，只需要把原来的循环包含在一个外循环中，这样程序就会打印 3 个乘法表。

```
for muls in range(13,17):
    for k in range(1,5):
        print(k,"x",muls,"=",k*muls)
```

运行上面的程序后，可以得到下面的结果：

```
1 x 13 = 13
2 x 13 = 26
3 x 13 = 39
4 x 13 = 52
1 x 14 = 14
```

```
2 x 14 = 28
3 x 14 = 42
4 x 14 = 56
1 x 15 = 15
2 x 15 = 30
3 x 15 = 45
4 x 15 = 60
1 x 16 = 16
2 x 16 = 32
3 x 16 = 48
4 x 16 = 64
```

为了划分循环的层级关系，我们需要注意缩进的个数。为了保证 print 语句能够成功打印出需要的内容，应该在 print 函数的前面多加 4 个空格。上面的程序会分别打印 13,14,15 和 16 的乘法表，每个数分别从 1 乘到 4。

如果 range 函数中的参数都是常数，程序每次运行时都会执行相同次数的循环。如果想要程序在运行时输出不同的循环结果，这个时候我们需要定义一个变量来保存这个循环的次数。下面的程序演示了一个可变循环的简单示例：

```
numStars=int(input("你想要显示多少个井号:"))
for i in range(1,numStars+1):
    print('#',end='')
```

运行上面的程序后，可以得到下面的结果：

```
你想要显示多少个井号:4
####
```

这个程序开始的时候会询问用户想要得到多少数量的井号，然后将这个数值保存在一个变量中，之后使用一个可变循环准确地打印这些井号。

将下面的代码输入 Python 解释器中，这个例子显示了一个嵌套循环，不同的是，至少一个循环在使用 range 函数中，没有用固定的循环次数，而是用了变量 numLines 来代表。

```python
numLines=int(input('你想要多少行:'))
numStars=int(input('每行井号的个数:'))
for line in range(0,numLines):
    for star in range(0,numStars):
        print('#',end='')
    print()
```

运行这个程序，你会看到类似下面的结果：

```
你想要多少行:4
每行井号的个数:4
####
####
####
####
```

在上面的代码中，程序的前两行实现的功能是：询问用户想要在屏幕上显示多少行、多少列的井号图形。程序使用变量 numLines 和 numStars 分别保存图形的行数和列数。然后使用两个循环完成打印的功能：

最里面的是内循环（for star in range(0,numStars):），这个循环的功能是打印每行的星号，每行打印井号的个数等于变量 numStars 的大小；

外面的是外循环（for line in range(0,numLines):），这个循环的功能是打印不同的行数。

为了在每一行打印出多个单独的井号，我们在代码中需要用第二个 print 命令开始新的一行井号。如果没有这个换行的语句，所有的井号可能会在同一行中打印。

习题

1. 使用 range 函数来产生一个循环列表

（1）数值大小为 0～10。

（2）数值大小为 13～100。

（3）数值大小为 3～6。

（4）数值大小为 0～10，间隔为 2。

（5）数值大小为 5～30，间隔为 5。

（6）数值大小为 10～0，间隔为 2。

2. 按下下面程序输出要求，补充程序中缺失的部分

（1）输出 0～10 之间的偶数。

```
for k in _____:
    if k%2==0:
        print(k)
```

（2）输出 0 到 20 之间的奇数。

```
for k in _____:
    if k%2==1:
        print(k)
```

（3）输出 100 以内 3 的倍数。

```
for k in _____:
```

```
        if _____:
            print(k)
```

（4）打印三行五列的星号。

```
    for k1 in _____:
        for k2 _____:
            print('*', _____)
        _____
```

（5）输出一个关于 4 的 1 到 9 的乘法表。

```
    for t in _____:
        print("4*",t,"=", _____)
```

第8章 其他集合类型

Python 提供多种堆积数据的方式，除了列表外，还提供了元组、集合和字典这三种数据类型。这三种数据类型都允许在一个变量的下面保存多个数据。一个变量保存了多个数据，程序就可以很方便地对多个数据同时进行处理。

8.1 元组

在上面的章节中，我们学习了很多的数据类型，常见的数据类型都可以对数据进行修改，但是字符串不能对本身的值进行修改。对于一个集合数据结构而言，如果不能修改集合中的数据内容，我们可以考虑使用 Python 中的元组数据类型。元组具有和列表一样的功能，也可以看作为一种序列，唯一的区别是元组内的值不能修改。虽然不能修改元组的内容，但是我们可以访问元组中的每个值。Python 中创建元组的语法很简单，只要使用逗号分隔一些值，系统就会自动创建元组，例如下面的代码：

```
>>> 1,2,3
(1, 2, 3)
```

也可以通过圆括号来创建一个元组：

```
>>> (1,2,3)
(1, 2, 3)
```

还可以用没有包含内容的两个圆括号来表示一个空元组：

```
>>> ()
()
```

当元组中只有一个元素时，必须注意元组的创建格式。通常情况下，实现单元素的元组的方法看起来有些特殊，我们必须在元素的后面添加一个逗号，例如下面的代码：

```
>>> 1
1
>>> 1,
(1,)
>>> (1,)
(1,)
```

上面的代码列举了三种元组的生成方式，后面两个例子中都生成了一个长度为 1 的元组，而在第一个例子中直接输入一个元素时，Python 解释器没有将上面的元素视为元组数据结构。可以看到，在 Python 中使用逗号标识符可以直接生成一个元组。

元组使用了对数据的引用方式，例如对字符串和数值的引用。为了让程序能够使用到元组数据，我们可以将元组数据赋给一个新变量：

```
>>> print(" show %s %s %s"%("a","tuple","work"))
 show a tuple work
```

在 Python 中可以使用 print 函数简单地调用元组，然后打印其中的数据内容，这样可以实现多个数据的格式化。输入下面的代码并运行结果：

```
>>> s=("a","tuple","work")
>>> print(s)
('a', 'tuple', 'work')
```

可以看到，组成元组的 3 个部分被返回。这种方法在每次想查看组成元组的单个部分时非常有用，s 元组包含了需要打印的数据内容，从而在 print 函数需要打印多个数据时，可以很方便地使用。

除了在上面的例子中，对元组中的所有元素一起使用外，我们可以通过索引号来访问元组中的每个元素，常见的做法是在元组变量名的后面使用方括号来寻找不同位置上的元素内容，在计算元素位置时，需要从零开始考虑元素的位置。因此，元组中第一个元素的位置是 0，第二个元素的位置是 1，第三个元素的位置是 2，以此类推直到最后一个元素，可以看下面的例子对元组中不同元素的使用：

```
>>> s=("a","b","c")
>>> print("元组第一个位置是%s"%s[0])
元组第一个位置是 a
>>> print("元组第二个位置是%s"%s[1])
元组第二个位置是 b
```

为了获得元组元素的个数，Python 提供了 len 函数来完成这样的功能：

```
>>> s=("a","b","c")
>>> print(len(s))
3
```

除了将元组的元素都赋予一个简单的数据类型，我们还可以将一个元组赋给某一个位置上的元素，这样就可以创建嵌套元组：

```
>>> s=("a","b","c")
>>> sb=(s,"d","e","f")
>>> print(sb)
(('a', 'b', 'c'), 'd', 'e', 'f')
```

我们可以将嵌套的元组看作是具有多维的特性，由于嵌套的元组具有两个维度，可以想象元组在纵向方向上和横向方向上延伸，这就类似于一个二维坐标。如果再增加一个维度，那么元组就是三维的，具有立体感。获取嵌套元组中某一个元素时，需要首先取出元组中的某个位置上的数据，再对具体的数据进行访问，例如下面的程序：

```
>>> s=("a","b","c")
>>> sb=(s,"d","e","f")
>>> print(sb[0])
('a', 'b', 'c')
>>> print(sb[0][1])
b
>>> print(sb[0][0])
a
```

我们可以将任何类型的数据都放在元组中，但是元组一旦创建之后，就不能发生变化。因为元组数据类型是不能够改变元素内容的。通常情况下我们会使用元组类型来存储有序的数据，这些事物不能改变顺序。如果尝试更改元组中某个位置上的元素，Python 解释器将会输出一条错误信息：

```
>>> s=("a","b","c")
>>> s[1]="e"
Traceback (most recent call last):
  File "<pyshell#115>", line 1, in <module>
    s[1]="e"
TypeError: 'tuple' object does not support item assignment
```

在试图给元组中的元素赋值时，Python 解释器返回的错误类型是 TypeError，这种错误的意思是该类型并不支持上面的操作。在上面的例子中，程序试图将数值 3 赋给元组 a，但是赋值操作并不会发生。相反，元组 a 的值会保持不变。

在引用元组中的数据时，人们需要注意引用元素的位置。如果尝试调用元组中不存在的元素，Python 解释器会抛出一个索引错误的信息。例如，下面的程序试着索引元组 a 中的第 6 个元素，程序将会报错。

```
>>> s=("a","b","c")
>>> s[5]
Traceback (most recent call last):
    File "<pyshell#117>", line 1, in <module>
        s[5]
IndexError: tuple index out of range
```

8.2　字典

如果想将很多不同的数据类型放在一起，那么我们可以使用列表或者元组。除了这两种集合数据类型外，Python 还提供了一种映射类型，即可以通过某一个数据来寻找另外的数据。这样的数据类型被称为字典，字典是 Python 中唯一的映射类型。和列表数据结构不同，字典中的值并没有特殊的顺序，都是通对键值的访问来查找对应的值，我们可以使用数值或者字符串来表示字典的键。

8.2.1　字典的使用

可以从两个方面来理解字典数据结构：一方面，对于一般的书籍而言，可以按照从头到尾的顺序来阅读，但也可以从任意一页开始阅读；另一方面，在需要查找字典中某一个项时，可以使用对应的关键信息来快速地查找到对应的内容。

当我们遇到一些情况时，使用字典可以节省很多的时间，例如：

● 汉语字典。

● 表格信息。

● 学生名单手册。

例如有一个学生名单表：

```
>>> students=['tom','alic','jack','ted','oral']
```

通常情况下，我们会需要建立一个表格用于填写学生的联系方式，例如下面的电话表：

```
>>> tels=['1234','5678','8912','3456','7891']
```

建立好表格后，我们可以查找某一个学生的电话号码：

```
>>> tels[students.index('jack')]
'8912'
```

8.2.2　创建和使用字典

在上面的例子中，查找某一个学生电话号码比较麻烦，我们可以创建一个字典来节省查找的时间，例如下面的字典：

```
>>> tels={'tom':'1234','alic':'5678'}
```

Python 中的字典的每一个元素都是由两个部分组成的，会有一个键值和对应的内容值。在上面的字典中，使用学生姓名作为键值，对应的内容值是学生电话号码。为了区别键值和内容值，会使用一个冒号将两个值隔开，不同的项之间使用逗号分隔，最后使用一对大括号将字典内的所有内容括起来。空字典是由两个大括号组成，里面不包含任何内容。为了提高查找的速度，字典中的键值要具有唯一性，但是对应的值在字典中可以出现多次。

dict 函数

Python 中提供了 dict 函数来将两个集合信息整合成一个字典，例如下面的程序：

```
>>> infom=[('name','Tom'),('tels','1234')]
>>> dinform=dict(infom)
>>> dinform
{'name': 'Tom', 'tels': '1234'}
>>> dinform['name']
'Tom'
```

除了使用上面的两个元组的方式创建字典外，dict 函数还可以使用关键字参数来创建字典，如下例所示：

```
>>> dinform=dict(name='Tom',tels='1234')
>>> dinform
{'name': 'Tom', 'tels': '1234'}
```

8.2.3　基本字典操作

字典具有很多列表、元组所具有的功能。

● 使用语句 len(m)返回 m 中元素的个数。

● 使用语句 m[k]返回字典中键值 k 所对应的内容。

● 使用语句 m[k]=v 完成了一个赋值的过程。

● 使用语句 del m[k]可以删除键值为 k 的项。

● 使用语句 k in m 检查字典 m 中是否存在键为 k 的项。

除了上面的相似点外，字典和列表还存在一些区别。

键值类型：我们可以使用不是整型数据来作为字典的键值，例如使用字符串类型、元组类型等。

成员资格：使用语句 k in m 可以查找键值是否在字典中。在列表中，使用表达式 v in l 可以查找一个值是否在列表中。

运行下面的例子来具体感受一下两者的区别：

```
>>> din=[]
>>> din[32]
Traceback (most recent call last):
  File "<pyshell#129>", line 1, in <module>
    din[32]
IndexError: list index out of range
>>> din={}
>>> din[32]='2462'
>>> din
{32: '2462'}
```

在上面的程序中，我们尝试将字符串'Foobar'放在列表的某个位置上，但是列表是一个空列表，从而显示了一个错误，因为我们引用了一个不存在的位置。为了解决这个问题，我们需要使用[None]*43 或者其他方式初始化 x。和列表的结果不同，程序中使用字典时，在一个空字典中将'Foobar'赋给了键值 42，将赋值完成的字典输出可以看到对应的信息。

下面我们使用字典来演示查找电话本中信息的例子：

```
#查找个人消息
#可以输入查找电话号码或者地址

information={
    'Tom':{
```

```
            'phone':'1234',

            'addr':'南京'

            },

      'Jack':{

            'phone':'5678',

            'addr':'上海'

            },

      'Ted':{

            'phone':'9123',

            'addr':'北京'

            }

      }


#针对电话号码和地址使用的描述性标签，会在打印输出的时候用到


item={

      'phone':'电话号码',

      'addr':'地址'

      }


name=input('查找人的名字: ')


#查找电话号码还是地址？ 使用正确的键值
request=input('电话号码输入(p) or  地址输入  (a)?')


#使用准确的键值

if request=='p':key='phone'

if request=='a':key='addr'
```

```
#如果名字是字典中的有效键才打印信息
if name in information:
    print("%s 的%s 是 %s."%(name,item[key],information[name][key]))
```

8.2.4　字典方法

Python 提供了很多方法来操作字典。这些方法有利于程序的编写，但是通常情况下，这些方法不常使用。

1．clear 函数

使用 clear 函数能够清空字典中内容。clear 函数直接在原来的字典上进行处理，没有返回值，例如下面的代码：

```
>>> dt={}
>>> dt['name']='Jack'
>>> dt['tels']='1234'
>>> dt
{'name': 'Jack', 'tels': '1234'}
>>> d=dt.clear()
>>> d
>>> print(d)
None
```

为什么会发生这样的结果呢，我们可以通过下面两个例子来说明。第一个例子如下：

```
>>> a={}
>>> b=a
>>> a['name']='Ted'
```

```
>>> b
{'name': 'Ted'}
>>> a={}
>>> b
{'name': 'Ted'}
```

接下来是第二个例子：

```
>>> a={}
>>> b=a
>>> a['tels']='1234'
>>> b
{'tels': '1234'}
>>> a.clear()
>>> b
{}
```

对于上面的两个例子，将变量 x 和 y 引用了同一个字典。在第一个例子中，我们直接将变量 x 赋予了一个新的空字典，但是这样的做法并没有改变变量 y 关联到原来的字典。在第二个例子中，我们对变量使用了 clear 函数，这个时候变量 y 中的值也消失了。这是因为建立的字典已经消失了。

2. copy 函数

使用 copy 函数能够返回原来字典的一个副本。

```
>>> a={'Jack':'1234','Tom':'5678','Ted':'9134'}
>>> b=a.copy()
>>> b['Tom']='7894'
>>> b
```

```
{'Jack': '1234', 'Tom': '7894', 'Ted': '9134'}
>>> a
{'Jack': '1234', 'Tom': '5678', 'Ted': '9134'}
```

在上面的例子中，我们使用 copy 函数将字典的值赋给变量 b，然后对变量 b 的字典进行修改。修改完成后，发现原来字典中的值并没有发生改变。

3. fromkeys 函数

使用 fromkeys 函数可以指定一个字典的键值，通常情况下，每个键值为 None，如下面的代码所示：

```
>>> {}.fromkeys(['name','tels'])
{'name': None, 'tels': None}
```

在上面的例子中，我们对一个空字典使用 fromkeys 方法，这样就可以得到一个有键值的新字典。除了使用空字典，还可以使用类型名 dict 来完成相同的功能。

```
>>> dict.fromkeys(['name','tels'])
{'name': None, 'tels': None}
```

除了对 fromkeys 函数建立的新字段赋予一个 "None" 值外，我们还可以自己决定新字典中的值是什么，如下面的代码所示：

```
>>> dict.fromkeys(['name','tels'],'(un)')
{'name': '(un)', 'tels': '(un)'}
```

4. get 函数

使用 get 函数能够更方便地访问一个字典中的元素。通常情况下，如果尝试访问字典中不存在的项时，Python 解释器会打印一个错误信息，如下面的代码所示：

```
>>> dt={}
>>> print(dt['tels'])
Traceback (most recent call last):
  File "<pyshell#165>", line 1, in <module>
    print(dt['tels'])
KeyError: 'tels'
```

而使用 get 函数获取一个不存在的项时，不会得到上面的错误信息，如下面的代码所示：

```
>>> dt={}
>>> print(dt.get('tels'))
None
```

从上面的例子中，可以发现，用 get 函数获取不存在的键值时，Python 解释器并没有返回错误信息，而是返回了 None 值。在这种情况下，除了要求 Python 解释器返回“None”外，我们还能够使用自己定义的数据值来代替“None”，如下面的代码所示：

```
>>> dt.get('tels','no')
'no'
```

如果字典中访问的键值是存在的，使用 get 函数可以得到正确的结果，如下面的代码所示：

```
>>> dt={}
>>> dt['tel']='1234'
>>> dt.get('tel')
'1234'
```

下面给出一个例子，我们使用 get 函数来获取电话本中的信息，代码如下所示：

```python
#查找个人消息
#可以输入查找电话号码或者地址

information={
    'Tom':{
        'phone':'1234',
        'addr':'南京'
        },
    'Jack':{
        'phone':'5678',
        'addr':'上海'
        },
    'Ted':{
        'phone':'9123',
        'addr':'北京'
        }
    }


#针对电话号码和地址使用的描述性标签，会在打印输出的时候用到

item={
    'phone':'电话号码',
    'addr':'地址'
    }
```

```
name=input('查找人的名字: ')


#查找电话号码还是地址？使用正确的键值
request=input('电话号码输入(p) or 地址输入  (a)?')


key=request
#使用准确的键值
if request=='p':key='phone'
if request=='a':key='addr'



#使用 get 函数提供默认值
person=information.get(name,{})
label=item.get(key,key)
result=person.get(key,'没有')


print("%s 的  %s: %s."%(name,label,result))
```

将上面的程序保存并运行，可以得到下面的结果：

```
查找人的名字: Tac
电话号码输入(p) or 地址输入  (a)?p
Tac 的  电话号码：没有.
查找人的名字: Jack
电话号码输入(p) or 地址输入  (a)?a
Jack 的  地址：上海.
```

在上面的例子中，我们首先询问是否存在一个没有的键值，系统返回了一条消息，这个消息表示电话本中并没有这样的信息。然后，我们输入一个正确的人名，此时系统返回了正确的信息。

5. items 函数

使用 items 函数可以返回字典中的所有项，最后的结果是以列表的方式呈现的，因为字典并没有特殊的顺序，所以返回的结果的顺序是随机的，如下面的代码所示：

```
>>> dt={'Jack':'1234','Ted':'5678','Tom':'9134'}
>>> dt.items()
dict_items([('Jack', '1234'), ('Ted', '5678'), ('Tom', '9134')])
```

6. keys 函数

使用 keys 函数可以返回字典中所有键值，如下面的代码所示：

```
>>> dt={'Jack':'1234','Ted':'5678','Tom':'9134'}
>>> dt.keys()
dict_keys(['Jack', 'Ted', 'Tom'])
```

7. pop 函数

使用 pop 函数可以删除某一个键值以及对应的内容值，然后将这一对值返回，如下面的代码所示：

```
>>> dt={'Jack':'1234','Ted':'5678','Tom':'9134'}
>>> dt.pop('Jack')
'1234'
>>> dt
{'Ted': '5678', 'Tom': '9134'}
```

8．popitem 函数

可以使用 popitem 函数完成列表的 pop 函数类似的功能，列表函数能够删除并返回最后一个元素。然而 popitem 完成了随机删除一个键值并返回这对内容，因为字典中并不存在什么顺序的概念。如果想要依次移除并处理字典中的项，这个方法可以很有效。如下面的代码：

```
>>> dt={'Jack':'1234','Ted':'5678','Tom':'9134'}
>>> dt.popitem()
('Tom', '9134')
>>> dt
{'Jack': '1234', 'Ted': '5678'}
```

9．setdefault 函数

字典的 setdefault 函数具有和 get 函数相似的功能，即可以得到某一个键值所对应的内容值。而且 setdefault 函数还能对不存在的键赋予一个特别的内容值，如下面的代码：

```
>>> dt={}
>>> dt.setdefault('tels','0000')
'0000'
>>> dt
{'tels': '0000'}
>>> dt['tels']='1234'
>>> dt.setdefault('tels','0000')
'1234'
>>> dt
{'tels': '1234'}
```

在上面的例子中，如果查找的那个键值不存在，setdefault 函数返回一个默认的值然后使用这对学习来更新原来的字典。当查找的键值存在时，就正常返回对应的内容值，如下面的代码：

```
>>> dt={}
>>> print(dt.setdefault('tels'))
None
>>> dt
{'tels': None}
```

10. update 函数

可以使用 update 函数来更新字典，通常是将一个新字典中的内容更新到一个旧的字典中，如下面的代码：

```
>>> dt={'Jack':'1234','Ted':'5678','Tom':'9134'}
>>> x={'Jack':'8324'}
>>> dt
{'Jack': '1234', 'Ted': '5678', 'Tom': '9134'}
>>> x
{'Jack': '8324'}
>>> dt.update(x)
>>> dt
{'Jack': '8324', 'Ted': '5678', 'Tom': '9134'}
```

将一个新字典中的所有项目都添加到旧字典中，如果新字典中和旧字典中存在相同的键值，则将新字典中键值对应的内容赋给旧字典。

11. values 函数

使用 values 函数方法可以得到字典中的所有内容值，通常情况下，函数会以列表的形式返回所有的值，而且列表中可以包含重复的元素，如下面的代码：

```
>>> dt={'Jack':'1234','Ted':'5678','Tom':'9134'}
>>> dt.values()
dict_values(['1234', '5678', '9134'])
```

习题

1．将下面的列表转为对应的元组：

（1）a=[1, 2, 3, 4]。

（2）b=['a', 'b', 'c']。

（3）c=[433, '4333']。

2．创建一个字典并且使用键值访问对应的内容：

（1）电话本

姓名	联系方式
tom	4329
alic	9983
ted	1046

（2）家庭住址

姓名	家庭住址
tom	江苏省
alic	河北省
ted	安徽省

（3）书籍

名称	价格（元）
《老人与海》	25
《傲慢与偏见》	19.0
《简·爱》	21.0
《名人传》	19.5

3. 使用元组来打印输出下面的列表：

（1）1, 2, 3, 4。

（2）"a", "b", "v", "f"。

（3）1, "2", "33"。

第 9 章 函数

当我们的程序越来越复杂时，需要实现功能的代码也就越来越多，此时需要一些方法把它们分成较小的部分进行组织，这样更容易编写，也更容易维护和改进。通常情况下，将大型程序划分为较小的部分有三种方法，分别是：函数、对象和模块。函数就像一个代码段，可以反复地使用。对象是一个包含数据和函数的单元。模块就是包含程序各部分的单独的文件。

9.1 创建函数

程序中使用函数功能，可以将一段具有共同功能的代码行聚集在一起，这样做很方便后期的再次调用。在下次调用时，直接用一个函数名就可以实现这个功能。我们可以将函数看作一组语句的集合，能够完成某个特定的任务。使用函数可以缩短代码量，Python 提供了许多内置函数，具有很强大的开发功能。

直白地说，函数可以完成某个任务，是许多代码的聚集体。使用函数可以构建更大的程序。我们可以在程序中使用多个函数，这样整个代码就可以划分为不同功能的部分，而每个部分都可以使用函数来提供对应的功能。

为了定义一个函数，Python 提供 def 来声明一个函数。通常情况下，一个完整的函数定义会由函数名、参数以及实现函数功能的语句构成。为了区分不同的部分，我们可以使用缩进来表示这样的任务。当函数具有返回一个数据的功能时，我们需要在函数内部使用 return 语句将数据返回。Python 中函数的一般形式为：

```
def <函数名>(参数列表):
```

```
<函数语句>
return <返回值>
```

上面定义中的参数和返回值不一定非要出现。Python 中有很多函数既没有参数，也没有返回值。如下面代码定义了一个简单函数：

```
#声明一个函数，名称为 hello
def hello():
    print('hello,world and python!') #缩进的语句，表示函数内的语句
                            #函数没有使用 return 定义返回值
```

函数名称

在定义一个函数时，我们需要注意使用的函数名称。使用的名称应该反映函数的功能，例如 Python 中的函数 print 用于完成打印的功能，函数 type 用于完成返回数据类型的功能，函数 len 用于完成返回列表长度的功能。确定好函数的名称后，我们需要认真考虑它在程序中的位置。通常情况下，使用过一个函数后，下次我们可以很方便地再次使用。

函数描述

除了使用一个容易理解的函数名称外，我们还可以给函数添加一个描述，这样会更加清楚函数的功能。

在函数中，我们可以编写一个特殊的字符串，这个字符串通常位于函数的开头部分，没有使用任何变量引用它，Python 将这个字符串命名为 docstring 变量。我们可以直接通过对函数的变量部分来访问这个字符串的具体内容。

一般情况下，文档字符串中的内容可以表示函数具体的功能等信息。在其他的编程语言中，很少会在一个函数的内部提供可以访问函数的方式，这样会降低程序开发的效率。因为 Python 具备查看内部字符串说明的功能，所以在使用 Python 编程时我们能够用到很多有用的信息。

虽然文档字符串处于函数的内部，但是字符串换行时不需要使用缩进，因为它只是字符串，并不具备其他程序运行的功能。虽然使用文档字符串有可能破坏程序的缩进规则，但是我们在编写代码时，应该注意其他代码部分满足 Python 程序的语法规则如下面的代码：

```python
def fs():
    """the doc is used to
       show the title"""
    a=85
    return a
```

我们可以通过对函数中名称的引用来调用文档字符串，Python 给文档字符串起了一个比较特殊的名称：__doc__，它的用法是在函数名称之后加一个英文句点（.），再加上变量名称__doc__。在引用名称时，我们需要注意这个变量名称的前后都有两个下画线（_），如下面的代码：

```python
def fs():
    """the doc is used to
       show the title"""
    a=85
    return a

>>> print(fs.__doc__)
the doc is used to
   show the title
```

我们可以将函数也看作是一个数据类型，从而也可以在函数名称后面加句点号来访问一些特殊的变量或者功能模块。函数中的变量__doc__中的具体内容是一个连续的字符串，字符串中的内容表示了一些函数特定的功能说明。在需要的时候，我们可以在交互模式中将这些信息打印出来。

作用域

函数具有一个特殊的性质，就是可以对引用的数据进行不同的划分。这表示如果在函数范围的外部使用一个变量名来实现对函数内部某一个数据的引用，这个数据可能是字符串或者字典等数据类型，这些数据类型都具有相同的作用域。

我们可以通过下面的程序来理解作用域的含义：

```
>>> a="this is a new time"
>>> print(a)
this is a new time
>>> a=['a','b','c']
>>> print(a)
['a', 'b', 'c']
```

在上面的程序中，我们首先将一个字符串数据赋给一个变量，创建完成后将变量的内容打印出来，可以看到具体的字符串的内容，然后将一个字典的内容赋给上面的变量，并用相同的名称引用这个字典，将这个变量的内容打印出来后，发现变量的内容已经改变。

在函数外部使用变量时，这很正常，但是在函数内部使用变量时，得到的结果可能不同。我们可以将函数内部看作是一个新的空间，在新的空间中变量的名称能够不断地编辑和使用，但是对外部相同名称的变量并没有什么特殊的影响。因此在创建一个新函数时，我们并不需要担心新变量的名称会给外部空间带来什么特殊的变化。

在创造一个新函数时，可以在函数的内部填写一些名称，而其他的函数也可以有自己的变量名称，多个函数内部的变量名称是分开的。即使在两个函数中具有相同名称的变量，但是这些变量位于不同的空间中，它们引用了不同的数值，因此没有互相影响。

在函数的内部可以有多个不同的作用域，这些作用域按照缩进的方式来划分不同的层级，在下一级中使用的变量名称并不对上一级的变量名称产生任何的影响，如下面的代码：

```
>>> a="this is outside a function"
>>> def fs():
        """this func show the domain"""
        a=5
        return a

>>> print(a)
this is outside a function
```

在上面的例子中，交互式环境中有一个变量 a，在接下来定义的函数 fs 中也存在一个变量 a。当我们运行这段代码时，可以看到函数外部变量的值并没有发生变化：

```
>>> b=fs()
>>> print(a)
this is outside a function
>>> print(b)
5
```

我们需要注意，可以在不同的函数中定义具有相同名称的变量，这个名称在多个函数的内部都具有不同的意义，但是这两个变量却指向不同的数据内容，因此不会发生冲突。

局部变量

如果一个变量只在函数的内部出现，可以认为这个变量的作用域只在函数内部。在这种情况下，我们可以将这些变量当作局部变量看待，为了具体了解局部变量的特点，可以运行下面的代码：

```
def mul(a,b):

    num=a+b

    return num



n=float(input("输入一个数字： "))

sumn=mul(n,0.23)

print("两个数字的和是：",sumn)

print(num)
```

将上面的代码运行后，能够得到下面的结果：

```
输入一个数字： 43

两个数字的和是： 43.23

Traceback (most recent call last):

    File "E:/pythoncode/ch9/f2.py", line 10, in <module>

        print(num)

NameError: name 'num' is not defined
```

运行上面的程序后，Python 解释器会输出一个错误信息来说明发生这个现象的原因：程序打印的变量 price 没有被定义。这个变量只是存在于定义的函数内部，在函数运行时，才会创建这个变量，当函数运行结束后，这个变量也就消失了。如果我们在函数结束后，尝试将这个变量的内容打印出来，Python 解释器就输出一个错误信息。

全局变量

我们可以使用全局变量来扩大变量作用域的范围。在 Python 中，更大的作用域范围指的是在程序的主体部分。因为全部变量的作用域是整个程序，所以我们可以在任何地方调用这个变量，并不局限于函数内部。使用下面的代码来观察全局变量的使用方法：

```
def mul(a,b):
    num=a+b
    print(n)
    return num



n=float(input("输入一个数字： "))
sumn=mul(n,0.23)
print("两个数字的和是：",sumn)
```

将上面的代码运行后，可以得到下面的结果：

```
输入一个数字： 34
34.0
两个数字的和是： 34.23
```

Python 在创建局部变量的时候使用了一个称为内存管理的任务器。除了创建局部变量外，内存管理还能完成其他功能。Python 能够让函数使用全局变量，所以可以在函数内使用外部定义的变量，但是我们只能对变量的值进行复制操作，而不能进行其他的操作。

因此，我们可以像下面的代码那样打印出主体变量的值：

```
print(n)
```

或者是将主体变量的值赋给一个函数内的变量：

```
newn=n
```

上面的两个例子都不会改变原来全局变量的值，但是如果我们尝试对全局变量的值进行修改操作，那么 Python 解释器就会在函数的内部创建一个具有相同名称的局部变量：

```
n=n+10
```

在进行上面的操作后，变量 n 会是函数内部的一个局部变量。下面的程序演示了在函数内部对一个全局变量进行赋值的操作：

```
def mul(a,b):
    num=a+b
    n=100
    print(n)
    return num



n=float(input("输入一个数字： "))
sumn=mul(n,0.23)
print("两个数字的和是：",sumn)
```

将上面的代码运行后，会得到下面的结果：

```
输入一个数字： 23
100
```

两个数字的和是： 23.23

上面的例子中，在两个位置上处理 my_price 变量名，一个位于程序的主体，另一个位于函数内部。主体程序中的变量是通过 input 函数获取的外部环境的输入，函数内部的变量是直接通过赋值操作得到的。

强制全局

在函数内对主体变量进行赋值操作时，Python 解释器会自动创建一个局部变量，这是为了防止无意间对全局变量进行修改。

在有些环境中，确实需要在函数的内部修改外部变量的值，那么我们可以使用关键字 global 将函数内部的局部变量强制转换为全局变量：

```
def mul(a,b):
    num=a+b
    global n
```

在一个函数内部对一个变量使用 global 关键字后，Python 解释器就不建立局部变量，而是会使用主体程序中的全局变量。当 Python 解释器发现并没有全局变量时，会自动创建一个这样名称的全局变量，这样我们在程序的主体部分也可以使用。

9.2 函数调用

通常情况下，我们可以在函数调用时，传递一些参数给函数主体，即在函数名后的括号内加入一些参数值，当有多个参数需要传递时，需要将不同的参数使用逗号分隔开。如果需要调用的函数没有必要传递参数，我们只需要使用一对圆括号。例如下面的代码：

```
>>> def fnh():
```

```
        print("你好")
```

```
>>> fnh()
你好
>>> fnh
<function fnh at 0x0000000003020840>
```

9.3　函数参数

在向函数内部传递参数时，我们可以有很多种选择，有时候，在定义函数时，有很多的参数，但是在使用时可能并不需要向函数内部传递一些参数值。

9.3.1　参数默认值

在定义函数时，我们可以给一个参数设定一个默认的参数值。如果一个参数具有默认的值，在调用函数时，我们不一定需要在圆括号内传递这个参数值，例如可以使用下面的定义方式：

```
def <函数名>（参数=默认值):
        <语句>
```

我们可以输入下面的程序，首先定义了一个函数，这个函数有一个默认的值，然后我们分别传递一个参数或者使用默认的参数值：

```
>>> def f1(a=12):
        return a+3
```

```
>>> f1(3)
6
>>> f1()
15
```

当一个函数中可以传递多个参数时，我们也可以为多个参数设定对应的默认值，例如下面的代码：

```
>>> def f2(a=4,b=8,c=16):
        return a*2+b*1+c*3


>>> f2(0)
56
>>> f2(2,2)
54
>>> f2(,,3)
SyntaxError: invalid syntax
```

在上面的三个例子中，我们能够发现参数传递的顺序是按照定义的顺序来的。如果只想传递某一个后面的参数，而想使用前面参数的默认值时，只使用逗号并不能得到想要的结果。如果想要这样的调用方式不报错，就需要修改一下函数定义的说明：

```
>>> def f3(a=None,b=None,c=None):
        if a==None:
            a=1
        if b==None:
            b=4
        if c==None:
```

```
                    c=2
              return (a-b+c)*2


>>> f3()
-2
>>> f3(None,None,3)
0
```

▍9.3.2　参数传递

在定义一个多参数函数后，我们可以对这个函数传递多个参数来完成对应函数的功能。还可以使用另外一种方法来传递函数的参数值，可以模仿默认参数定义那种形式，在调用函数时，对具体传递的参数值使用赋值的形式来传递参数。这样对多个参数的函数调用而言，参数赋值可以不一定按照定义时的顺序赋值。例如下面的代码：

```
>>> def f4(a,b,c):
          return a-b+c


>>> f4(1,1,1)
1
>>> f4(c=2,a=1,b=4)
-1
```

在 Python 中，使用顺序传递参数方式调用函数和使用参数名赋值参数时，需要注意的是：在使用顺序参数赋值的参数一定要位于按参数名赋值参数的前面，并且两种方式传递的参数不能相同，否则，会引起 Python 解释器报错。可以看一下下面的例子：

```
>>> def summy(a,b,c):
        return a+b+c


>>> summy(3,c=3,b=2)
8
>>> summy(c=2,b=3,3)
SyntaxError: positional argument follows keyword argument
>>> summy(1,b=3,a=2)
Traceback (most recent call last):
  File "<pyshell#259>", line 1, in <module>
    summy(1,b=3,a=2)
TypeError: summy() got multiple values for argument 'a'
```

▌9.3.3　可变长参数

在有些情况下，可能需要向一个函数传递任意的参数值，即在定义函数时，我们可以定义任意的参数值。Python 中提供了使用列表参数的方法来传递任意多个参数值。在定义一个函数时，对于任意长度的参数值，需要使用星号作为参数的开头，这样就会表明这个参数可以接受任意长度的参数值，例如下面的程序：

```
>>> def appendlist(*ali):
        l=[]
        for c in ali:
            l.extend(c)
        return l


>>> al1=['a','b','c']
>>> al2=['d','e','f']
```

```
>>> al3=['g','h','i']
>>> appendlist(al1,al2)
['a', 'b', 'c', 'd', 'e', 'f']
>>> appendlist(al1,al2,al3)
['a', 'b', 'c', 'd', 'e', 'f', 'g', 'h', 'i']
```

9.3.4　参数引用

在一般情况下，我们传递给函数一个参数值后，在函数的外部使用这个变量时，这个变量的值并没有发生改变。如果想要对函数调用的参数发生一定的变化，则可以使用例如列表等引用类型的变量，这样经过函数调用后，原来的参数值就会发生一定情况的改变，例如下面的程序：

```
>>> def change1(a):
        a=a+3


>>> def change2(a):
        a[0]=a[0]+3


>>> a=1
>>> b=[1,2,3]
>>> change1(a)
>>> change2(b)
>>> print(a)
1
>>> print(b)
[4, 2, 3]
```

9.4　lambda 表达式

Python 中提供了一种特殊的函数声明方式：lambda 表达式。使用 lambda 表达式可以创建一个匿名的函数。通常情况下，使用匿名函数来表示没有函数名称的函数。lambda 表达式可以返回一个数据值，当需要使用函数时，可以直接使用 lambda 表达式。常见的 lambda 表达式如下所示：

```
lambda  参数列表:表达式
```

我们使用下面的代码尝试一下 lambda 表达式的具体用法：

```
>>> f=lambda x:x+3
>>> f(3)
6
>>> f
<function <lambda> at 0x00000000030541E0>
```

使用 lambda 表达式可以方便地定义小型函数，和通常情况下定义函数的方式不同，在用 lambda 表达式定义一个函数时，我们只需要在函数定义中包含单一参数。除了直接在 lambda 表达式中定义函数外，也可以在 lamda 表达式中调用其他的函数，例如下面的程序：

```
>>> def mul2(x):
        return x+2

>>> f2=lambda x:mul2(x)
>>>
>>> f2(1)
```

```
3
>>> f2
<function <lambda> at 0x00000000030542F0>
```

习题

1．判断下面的变量是局部变量还是全局变量：

（1）变量 a

```
def f():
    a=5
    return a

c=int(input("请输入一个数："))
```

（2）变量 a

```
def f(c):
    print(a)
    c=c+2
    return c

a=int(input("请输入一个数："))
print(f(a))
```

（3）变量 a

```
def f(c):
```

```
            global a
            print(a)
            c=c+2
            return c


        a=int(input("请输入一个数："))
        print(f(a))
```

2. 编写一个函数可以完成返回一个数值的平方。

3. 编写一个函数可以在屏幕上显示 5 行 3 列的星号。

4. 说明下面 lambda 表达式的功能：

（1）lambda x:x*2。

（2）lambda y:y+3。

（3）lambda z:z+99。

（4）lambda z:z*3+3。

（5）lambda c:c+333*3。

第 10 章　对象和类

在前面的章节中，我们已经知道如何使用一些数据结构来组织不同的数据和代码。例如使用列表类型可以将许多数据整合在一起，从而方便后续代码的使用，使用函数可以将一些有用的代码组合起来。Python 中还提供了一种很有用的整合数据和代码的方式，即对象。

10.1　概述

▎10.1.1　面向对象思想

面向对象程序设计的思想主要利用了抽象、封装、继承以及多态等概念，这一思想自从 1990 年提出后就很流行。在面向对象设计方法中，我们可以将任何事物都作为一个对象或者类这样的数据结构。而对于具有复杂关系的某一个事物而言，我们可以将一些简单的对象组合起来。在 Python 中为了生成一个对象，我们需要知道这个对象所对应的类结构。每个不同的类可以生成不同的对象，在同一个类生成的对象中，它们具有相同的方法。

我们将由同一个类所生成的对象称为类的实例化。例如，我们在组织很多相同事物时，都可以先将它们组成一个大类，然后在这个大类的下面具体划分不同的小类。例如我们可以使用马来表示具有马特征的动物，对于不同的马，我们可以根据不同马的特点来具体划分这些马，像白马、黑马等。我们将白马和黑马称为马的子类。

通常情况可以使用类封装对象内部的数据等元素。我们可以使用对象来传递一定的数据，但是不能直接改变对象内部的数据信息，从而使得对象内部的信息不能被外部环境访问，这样就保证了对象的隐私性，不要担心一个对象会被外部对象修改。Python 中提供了很多方法来使用对象，例如继承一个已经写好的类，这样可以直接使用原来类的数据和方法。在设计一个对象时，我们应当注意下面的流程：

（1）按照具体的需求确定一个对象的属性和方法内容。

（2）分析对象之间可能会有的联系方式。

（3）对于那些共同的函数或者数据，可以将这两个部分在一个共同的父类中编写。

（4）具体设计一个类的内容，然后考虑不同类之间的继承关系。创建对象实例，实现对象间的相互联系。

Python 中采用了面向对象的设计方法，并且对所有的数据都使用对象的方式，从而降低了程序设计的难度。因为在使用一些内置的数据结构时，例如列表、字典等，我们可以使用相似的访问方式来使用对象中某个数据或者函数。

对象有两个比较重要的概念：属性和方法。属性表示了对象的外形等特点，而方法表示了一个事物可以完成的动作有哪些。例如，在现实生活中，有一台打印机，我们可以使用外形和功能这两个概念来描述它：外形是长方体、白色的外壳；具有的功能是打印文件。

在 Python 中，我们将一些数据定义为对象的属性，而将一些函数定义为对象的方法。这样在编写程序时，可以使用数据和函数来决定一个对象所具有的所有信息，从而简化了对象的设计难度。

10.1.2 类和对象

在 Python 中，我们将类看作对象的基础。因为在设计好一个类后，就可以使用对应的类来生成多个不同的对象。通常情况下，一个类会具有下面的特点：抽象性、封装性、继承性和多态性。抽象性是描述对象共同方法和属性的特点。封装性是使用封装的方法来将属性和函数进行隐藏的过程，这样生成的一个对象中的数据是不可见的，从而提高了程序的安全型。继承性是使用一个类通过继承其他类的方式来生成一个子类的方法，新生成的子类具有原来的类的数据和方法。多态性是在使用一个方法时需要具体考虑的方法所在的类中的含义。

我们可以将对象看作是类的实例化，是一个具体的事物。使用类生成多个类后，每个对象具有不同的属性值，但是这类具有相同的方法。使用一个类可以在程序中生成多个对象。

10.2 类

Python 提供了很方便的方法来定义和使用类和对象。

类的定义

Python 提供了一个关键字来定义类，这个关键字是"class"。在关键字的后面是这个类的名称，然后在下面定义一些类的方法和属性。在定义这些方法和属性时需要使用缩进来表示代码的层级关系。常见的类的定义形式如下所示：

```
class <类的名称>:
    <变量 1>
    <变量 2>
    <语句 1>
    <语句 2>
    <语句 3>
```

为了让定义的类更好地体现这个类的用途，我们需要考虑这个类的名称，名称一般是放在类定义的开始部分，然后可以定义一些变量用于表示这个类的属性，以及一些函数用于表示类的方法，如下面的代码：

```
class man:
    name=''
    age=0
```

```
        sex=0
        homeaddress="
        interesting="
```

除了从头开始定义一个类外，还可以使用继承的方法来定义一个类。常见的继承方法如下所示：

```
class <类名>(父类名):
        <变量 1>
        <语句 1>
        <语句 2>
        <语句 3>
```

圆括号中表示的是需要继承的类，下面的代码通过继承一个已经定义好的类来生成其他类：

```
class player(man):
        playtime=0
        playrole="
        grade=0
```

在继承一个类后，继承的类会拥有原来类的变量和方法，从而减少了开发的难度和时间。

在定义的类中，变量和方法是在一个独特的空间中，类里面的变量名和方法名和类外面的变量名或者方法名并没有什么冲突。这样就保证了类里面变量名和方法名的独特性。

对象的产生

在定义好一个类后，外面可以将一个类进行实例化，从而可以生成对应的对象。在生成对象时，外面使用类名加圆括号的方式。这种方式有点像调用一个没有参数的函数。再经过实例化，程序就会生成一个对象。使用一个类可以完成多个对象的实例化工作。同一个类生成的对象之间并没有什么特别联系，例如下面的程序：

```
>>> class man:
        name=''
        age=0
        sex=0
        homeaddress=''
        interesting=''


>>> m1=man()
>>> m2
Traceback (most recent call last):
  File "<pyshell#329>", line 1, in <module>
    m2
NameError: name 'm2' is not defined
>>> m1
<__main__.man object at 0x0000000003034F28>
>>> m1.name
''
>>> m1.age
0
>>> m1.sex
0
>>> m1.homeaddress
''
```

在上面的例子中，我们只在类中定义了一些变量，然后使用类生成多个不同的对象。分别对这两个对象的变量赋予不同的值，并不会互相影响。

10.3　类的属性和方法

为使用类完成强大的功能，我们可以在定义类时定义必要的变量和函数，即属性和方法。我们可以将属性看作为类所隐藏的数据，而方法则可以看作是外界环境可以用来改变对象的方法。

类是属性

在前面的章节中，我们已经知道。属性是类的变量，通常情况下我们定义的变量可以被外界直接获得，但在一些需要保密的场合，我们不想让外界直接获取一个对象的变量。Python 提供了私有化这个操作来完成这样的功能。

私有化可以看作是数据的保护方式。Python 提供了一种简单的方法来确定一个变量是否是私有的。如果类中的变量的名称是以两个下画线为开始的，则这个变量就可以被认为是私有的，从而外界环境不能直接访问这个变量，否则 Python 解释器会直接报错，例如下面的代码：

```
__privatename
```

虽然在类的外面不能使用私有方法，但是在类的内部还是可以使用这个变量的，使用的方法如下：

```
self.__privatename
```

在下面的代码中，我们将一个类的变量定义为私有的，然后对这些变量进行访问：

```
>>> class web:
```

```
    inform=''
    __pin=''
    __address=''
    __amount=0
    __maker=''


>>> w=web()
>>> w.inform
''
>>> w.__pin
Traceback (most recent call last):
  File "<pyshell#339>", line 1, in <module>
    w.__pin
AttributeError: 'web' object has no attribute '__pin'
```

类的方法

为了在外面对类进行一定的操作，我们需要在类中定义一些函数。类中函数的定义与普通函数的定义相同，要注意使用缩进的方法来表示层次关系。

1. 定义类的方法

我们可以使用 def 关键字在类中定义函数。为了在使用对象时可以操作不同的对象，我们需要给函数传递一个特殊的参数 self，这个参数表示了对象本身，但是在直接调用函数时，我们并不需要手动填写 self 这个字符串给函数。

```
>>> class people:
        name=''
```

```
            tels=''
            age=0
            sex=''
            __address=''
            __money=''

            def tellmyself(self):
                print(self.name)
                print(self.__address)

            def setAddress(self,addre):
                self.__address=addre


>>> m1=people()
>>> m1.tellmyself()



>>> m1.setAddress('南京')
>>> m1.tellmyself()
```

南京

在有些环境下，我们需要定义一些只能在类内部使用的方法，因为这些方法的使用可能会破坏整个对象环境，即将类的方法私有化。和定义类中的私有变量相同，Python 也使用下画线的方式来区分私有函数和公有函数，将类中方法定义为私有后，类外面的方法便不能直接访问这些方法了。这些方法只能被类里面的其他方法调用。在类内部调用私有方法时，需要使用 self 来调用特定的私有方法。

下面的代码演示了如何使用一个私有的方法：

```
>>> class people:
        name="
        tels="
        age=0
        sex="
        __address="
        __money="

        def __checkValue(self,value):
            if value=":
                return 0
            else:
                return 1

        def tellmyself(self):
            if self.__checkValue(self.name):
                print(self.name)
            else:
                print("没有有效值")
            if self.__checkValue(self.__address):
                print(self.__address)
            else:
                print("没有有效值")
```

```
        def setAddress(self,addre):
            self.__address=addre
```

```
>>> m1=people()
>>> m1.tellmyself()
没有有效值
没有有效值
>>> m1.setAddress('北京')
>>> m1.tellmyself()
没有有效值
北京
```

2．特殊方法

Python 中还提供了一些特殊的方法来实现特殊的功能，如表 10-1 所列。这些方法通常会在函数名的前后使用两个下画线来命名。

表 10-1　特殊方法

方法名	描述	方法名	描述
__init__	构造函数，生成对象时调用	__repr__	打印、转换
__del__	析构函数，释放对象时调用	__setitem__	按照索引赋值
__add__	加运算	__getitem__	按照索引获取值
__mul__	乘运算	__len__	获得长度
__cmp__	比较运算	__call__	函数调用

在下面的代码的中，使用了一个特殊的方法来对类进行修改：

```
>>> class people:
        name=''
        tels=''
```

```python
        age=0
        sex="
        __address="
        __money="

        def __checkValue(self,value):
            if value=="":
                return 0
            else:
                return 1


        def tellmyself(self):
            if self.__checkValue(self.name):
                print(self.name)
            else:
                print("没有有效值")
            if self.__checkValue(self.__address):
                print(self.__address)
            else:
                print("没有有效值")


        def __init__(self,name,addre):
            self.name=name
            self.__address=addre


        def setAddress(self,addre):
            self.__address=addre
```

```
>>> m1=people('Tom','上海')
>>> m1.tellmyself()
Tom
上海
>>> m1.setAddress('北京')
>>> m1.tellmyself()
Tom
北京
```

10.4　类的继承

继承提供了一种简单的编写类的方式，在继承后，新类可以使用父类的变量和方法，这样可以简化编程。

继承

继承的类能够使用父类的公有属性和公有方法，但是对于父类中的私有变量和方法。下面的程序演示了一个继承的过程：

```
>>> class people:
        name=''
        tels=''
        age=0
        sex=''
        __address=''
        __money=''
```

```
        def __checkValue(self,value):
            if value=="":
                return 0
            else:
                return 1


        def tellmyself(self):
            if self.__checkValue(self.name):
                print(self.name)
            else:
                print("没有有效值")
            if self.__checkValue(self.__address):
                print(self.__address)
            else:
                print("没有有效值")


        def __init__(self,name,addre):
            self.name=name
            self.__address=addre


        def setAddress(self,addre):
            self.__address=addre


>>> class player(people):
        __fun=""
        playeritem=""
        __grade=0
```

```
        def tell(self):
            self.tellmyself()
```

```
>>> p1=player('Tom','广州')
>>> p1.tell()
Tom
广州
>>> p1.tellmyself()
Tom
广州
```

如果我们在继承的时候使用父类中的私有类型，Python 解释器会报错：

```
>>> class people:
        name=''
        tels=''
        age=0
        sex=''
        __address=''
        __money=''


        def __checkValue(self,value):
            if value=='':
                return 0
            else:
                return 1
```

```python
        def tellmyself(self):
            if self.__checkValue(self.name):
                print(self.name)
            else:
                print("没有有效值")
            if self.__checkValue(self.__address):
                print(self.__address)
            else:
                print("没有有效值")

        def __init__(self,name,addre):
            self.name=name
            self.__address=addre

        def setAddress(self,addre):
            self.__address=addre


>>> class player2(people):
    __fun=''
    playeritem=''
    __grade=0

    def tell(self):
        self.tellmyself()
        if self.__checkValue(self.__fun):
            print(self.__fun)
```

```
        else:
            print('没有有效值')
```

```
>>> p2=player2('Ted','陕西')

>>> p2.tell()

Ted

陕西

Traceback (most recent call last):

  File "<pyshell#380>", line 1, in <module>

    p2.tell()

  File "<pyshell#378>", line 8, in tell

    if self.__checkValue(self.__fun):

AttributeError: 'player2' object has no attribute '_player2__checkValue'
```

多重继承

我们使用多重继承来吸收多个父类的数据和方法，使用的方法是在单继承的基础上，对多个父类进行引用。即在圆括号中添加多个父类。常见形式如下：

```
class 新类名(父类 1,父类 2,...,父类 n):
    <变量 1>
    <变量 2>
    <语句 1>
    <语句 2>
    <语句 3>
```

在使用多重继承时，我们应该关注继承父类名字的位置。因为如果有多个父类有相同的方法名，Python 会从左开始搜索，然后使用最先找到的那个类中的方法。如下面代码使用了继承的方法来定义类：

```
>>> class f1:
        name='f1'
        __num=0

        def tellme(self):
            print(self.name)
            print(self.__num)

        def setnum(self,num):
            self.__num=num


>>> class f2:
        name2='f2'
        __num2=1

        def tellme(self):
            print(self.name2)
            print(self.__num2)

        def setname(self,name):
            self.name2=name


>>> class f3(f1,f2):
```

```
        def tell(self):
            print(self.name)
            print(self.name2)

>>>
>>> son=f3()
>>> son.tell()
f1
f2
>>> son.tellme()
f1
0
>>> son.setnum(9)
>>> son.tell()
f1
f2
>>> son.tellme()
f1
9
>>> son.setname('f9')
>>> son.tell()
f1
f9
>>> son.tellme()
f1
9
```

习题

1. 定义一个类，类里面有变量姓名，性别，年龄，有两个方法，分别是获得这个类中的姓名和性别的方法。

2. 判读下面类中的变量是私有的还是公有的：

（1）变量 a。

```
class A:
    a="
```

（2）变量 name。

```
class A:
    name="
```

（3）变量 a。

```
class A:
    __name="
```

（4）变量 a。

```
class A:
    c__name="
```

（5）变量 a。

```
class A:
    name__="
```

3. 根据下面的一段代码，判读两个类之间的关系：

（1）类 A 和类 B。

```
class A:
    name=''


class B:
    name=''
```

（2）类 A 和类 B。

```
class A:
    name=''


class B(A):
    name=''
```

（3）类 A、类 B 和类 C。

```
class A:
    name=''


class B(A):
name=''

class C(A):
name=''
```

（4）类 A、类 B 和类 C。

```
class A:
    name=''

class B(A):
    name=''

class C(A,B):
    name=''
```

第 11 章　模块

我们可以将模块看作是某个物体的一部分，也就是说如果一个物体可以分为好几个部分，或者我们可以根据不同的要求将它分解为多个不同的部分，那么就可以将这个物体视为模块化的。

Python 允许创建模块来提供更加强大的编程功能，这些模块为函数和数据创建了一个已经命名好的作用域。我们可以将模块看作一个工具，这个工具可以将程序划分为不同的命名片段。除了在一个模块中使用多个函数或变量外，还可以将模块根据不同的要求划分到不同的文件中，这种特性称为包。

11.1　导入模块

模块包含一组函数、方法或者数据，它们可以用于一些特定的任务处理。为了使用模块中的方法或数据，首先我们需要安装这些模块，然后将这些模块导入到当前的环境中。

Python 中使用 import 关键字来导入相关的模块，代码如下：

```
import sys
```

上面的语句将 sys 模块导入当前的环境中，这个模块可以提供一些与系统相关的函数或者数据。例如下面的程序：

```
>>> sys.version
'3.6.2 (v3.6.2:5fd33b5, Jul  8 2017, 04:57:36) [MSC v.1900 64 bit (AMD64)]'
```

上面的语句使用了 sys 模块中的 version 数据变量，该变量用于显示 Python

的版本。

使用这种方法导入模块后需要使用原来模块的名称访问对应的函数，如果想换一个名称访问模块，可以使用下面的语句：

```
import 模块名 as 新名字
```

下面的语句用于将 sys 模块导入当前的环境中，并将 sys 模块用其他名称代替。使用新名字来访问原来模块中的数据，可以得到一样的结果，例如：

```
import sys as ownsys
>>> ownsys.version
'3.6.2 (v3.6.2:5fd33b5, Jul  8 2017, 04:57:36) [MSC v.1900 64 bit (AMD64)]'
```

在上面的两种导入模块的方法中，都需要使用模块名来访问对应模块中的数据。Python 还提供了一种方法用于导入模块，这种方法导入模块后，可以直接访问模块中的函数或者数据：

```
from 模块名 import 函数名
```

使用这种方式来导入 sys 模块中的 version 变量：

```
>>> from sys import version
>>> version
'3.6.2 (v3.6.2:5fd33b5, Jul  8 2017, 04:57:36) [MSC v.1900 64 bit (AMD64)]'
```

除了导入对应的函数或者数据，还使用这种方法将模块中的所有数据都导入到当前的环境中：

```
from 模块名 import *
```

import 后面的星号表示所有内容。

11.2　编写模块

一个模块就像一个函数和数据的仓库，我们可以在一个新的 Python 文件中定义函数和数据，然后在其他文件中使用已经定义的函数和数据。例如下面的程序创建了一个函数，用于实现对输入参数做乘以 5 的操作，并且这个程序中定义了圆周率：

```python
pi=3.1415926


def mul5(x):
    y=x*5
    return y
```

我们在一个新文件中导入上面已经建立好的模块，并使用模块中的方法：

```python
import modul1


print(modul1.pi)
x=int(input("输入一个数字： "))
y=modul1.mul5(x)
print(y)
```

运行上面的程序后，可以得到以下结果：

```
3.1415926
```

输入一个数字： 5

25

通常情况下，需要将被调用的模块和调用的模块放在一个文件夹下面。如果不在一个文件夹里面，被调用的模块可能找不到，从而 Python 会报错。

11.3 常见的模块

Python 的强大之处就在于，Python 提供了许多有用的模块，从而减少了我们再次开发的难度。

time

Python 中提供了 time 模块用来获取计算机时间信息。有时候程序运行的速度比较快，我们可以使用 time 模块中的 sleep 函数来暂停程序的运行，即让程序等待一段时间。下面的程序利用 sleep 函数来输出不同的字符串，从而实现动态显示的效果：

```python
import time


print('I')
time.sleep(2)
print('love')
time.sleep(2)
print('the')
time.sleep(2)
print('world?')
```

随机数

在有些程序中，我们需要一些随机参数的数字，比如具有抽奖功能的程序，需要一个随机参数的数字来代表中奖的号码。Python 中使用 random 模块来产生随机数：

```
>>> import random
>>> print(random.randint(0,100))
18
>>> print(random.randint(0,100))
35
```

在交互式模式下导入 random 模块，randint 函数用于产生一个随机的整数，后面的参数代表了随机数的范围。上面的例子用于产生 0～100 之间的随机整数，两行代码运行产生的结果都不相同。

如果想要得到一个随机的小数，可以使用 random 模块中的 random 函数，默认情况下，这个函数会产生一个 0～1 之间的小数：

```
>>> print(random.random())
0.6173089968753219
>>> print(random.random())
0.3981163602434139
```

下面的程序使用 ramdom 模块来完成一个猜数的游戏：

```
import random

print("这是一个猜数游戏，数字大小在 0～100 之间")
num=random.randint(0,100)
```

```
flag=False
while not flag:
    guess=int(input("请输入一个你猜测的整数："))
    if guess==num:
        flag=True
        break
    elif guess>num:
        print("猜测的数比实际的数要大")
    else:
        print("猜测的数比实际的数要小")
print("恭喜你猜中了！！ ")
```

运行上面的程序后，可以得到下面的结果：

```
这是一个猜数游戏，数字大小在 0~100 之间
请输入一个你猜测的整数：50
猜测的数比实际的数要大
请输入一个你猜测的整数：25
猜测的数比实际的数要小
请输入一个你猜测的整数：36
猜测的数比实际的数要大
请输入一个你猜测的整数：30
猜测的数比实际的数要大
请输入一个你猜测的整数：27
猜测的数比实际的数要大
请输入一个你猜测的整数：26
恭喜你猜中了！！
```

习题

1. 和同学们讨论模块的用途。
2. 列举一些常见的模块。
3. 为什么会在 Python 中有这么多模块？
4. 常见的调用模块的方式有哪些？

第 12 章　创建图像界面

在前面的章节中，我们介绍了 Python 编程语言的一些基本语法知识。本章介绍有关 Python 语言的一些应用。在前面的章节中，大多数输入都是以文本的形式呈现的，这样的输出可能会比较枯燥。我们在这一章中介绍了图像界面的创建，用一种可视化的方式来呈现输出。这样编写出来的程序就会有一个窗口用于显示具体的信息。

12.1　图像用户界面

在 Python 中，我们可以每次都组织一个组件部分，这样经过多次组合处理，最终会显示一个和我们平时看起来一样的窗口程序。我们可以将图像用户界面缩写为 GUI，这个词的全称是 Graphical User Interface。我们能够通过 GUI 来输入一些文本信息并且通过 GUI 返回一些文本信息。另外，GUI 上还能够显示例如窗口、按钮等图形，我们也可以使用鼠标点击一些特定的按钮。通常情况下，一个 GUI 具备三个要素：输入、处理和输出过程。

Python 中有很多的工具可用来编写 GUI 程序，可以在网站上搜索一些工具，从中选择最适合自己编写的工具。这些工具就像一个模块一样，可以提供方便的外部交互接口。这些是 Python 二进制模块，具有和本地 GUI 协同工作的能力。在这些工具中，我们可以使用 Python 自带的一个工具，即 TK GUI。除了这个工具外，还有诸如 wxPython、PyQT 等一些优秀的工具。

12.2　Tkinter

我 们日常接触到的很多东西都可以看作是一个 GUI，例如浏览器、Python 的 IDLE。下面我们使用 Tkinter 来创建属于我们自己的 GUI。

对于大多数的 GUI 框架而言，它们都是由一些小组件组合而成的，小组件可以看作是一个具有特定功能的框架，例如按钮、文本框等。这些小组件都是以图形的形式在屏幕上显示的，我们对这些组件进行组合并布置它们的位置，从而可以形成一个具有特殊功能的 GUI。

下面，我们来尝试一下创建一个比较简单的 GUI。输入下面的代码：

```
from tkinter import *
widget=Label(None,text='Hello world!')
widget.pack()
widget.mainloop()
```

运行上面的代码后，可以看到如图 12-1 所示的一个 GUI 窗口。

在 GUI 窗口中显示了文本"Hello world!"。在上面的程序中，我们首先将模块 tkinter 全部导入当前的空间中，这样我们就可以使用 tkinter 模块中所有类和方法了。

图 12-1　GUI 窗口

在上面的例子中，我们使用了 Label 类，并且使用 Label 创建了一个对象，这个对象还有一条消息显示"Hello world!"。

在上面的代码中，程序并不完成上面的操作，只是单纯地将一条消息显示在 GUI 界面上。我们来看一下它的具体构造，在整个窗口上有三个可选择的按钮，分别是最小化、最大化和关闭窗口。运行程序后显示的窗口比较小，我们可以自己拖拉窗口来改变 GUI 的大小。按住右边的框向右拉开一段距离，可以发现文本还是在窗口的中间位置。但是当我们上下拉动窗口时，发现文本并没有随着 GUI 窗口上下移动。如图 12-2 所示。

这样的结果很麻烦，因此我们需要重新修改原来的代码：

```
from tkinter import *
Label(text='Hello world').pack(expand=YES,fill=BOTH)
```

```
mainloop()
```

运行上面的代码，然后出现了上面的 GUI 窗口，然后对 GUI 窗口进行拖动，不论是左右还是上下，文本的内容都是显示在窗口的中间部分。如图 12-3 所示。

图 12-2　GUI 窗口 2

图 12-3　GUI 窗口 3

在上面的代码中，我们将 tkinter 模块中的所有方法和类都引入当前的模块中，然后利用 Label 类创建一个 GUI 窗口，并且调用类中的一个方法——pack 函数，将函数中的 expand 参数设置为 YES，fill 参数设置为 BOTH。

除了在 GUI 窗口上显示文本内容外，还可以对 GUI 进行扩展和填充处理。我们可以使用下面的程序来创建相同的父窗口，相同的标签在创建之后才进行设置的：

```
from tkinter import *

root=Tk()

widget=Label(root)

widget.config(text='Hello world')

widget.pack(side=TOP,expand=YES,fill=BOTH)

root.mainloop()
```

运行上面的代码后，能够得到图 12-4 所示的 GUI 窗口。

我们可以任意拖动 GUI 的边框，然后得到图 12-5 所示的结果。

图 12-4　GUI 窗口 4

图 12-5　GUI 窗口 5

可以看到，不论怎么拖动窗口，文本内容都显示在窗口的中间，这样就和之前的程序具有一样的效果了。

在上面的 GUI 中，我们只能看到一个显示文本，为了让这个 GUI 具备一些其他的操作功能，我们可以运行下面的代码：

```
import sys
from tkinter import *
widget=Button(None,text='点击我',command=sys.exit)
widget.pack()
widget.mainloop()
```

运行程序后，可以得到图 12-6 所示的结果。

图 12-6　点击我 GUI

单击"点击我"按钮，可以实现关闭程序的功能。因为 Button 函数的 text 参数用于传递显示在 GUI 文本上的内容，command 参数用于传递特殊的要求，在上面的例子中，传递了 sys.exit，这个值表明当用户单击这个按钮时，窗口会自动退出。

除了创建退出按钮外，我们还能实现其他的功能。可以将下面的例子输入并运行：

```
from tkinter import *

def fun():
    print('The sum of 3*2 is ',3*2)

wod=Frame()
wod.pack()
Label(wod,text='点击用于获得乘积或者退出').pack(side=TOP)
Button(wod,text='乘积',command=fun).pack(side=LEFT)
Button(wod,text='退出',command=wod.quit).pack(side=RIGHT)
```

运行上面的代码后，可以得到图 12-7 所示的结果。

可以看到在图 12-7 中有两个按钮，一个显示"乘积"，一个显示"退出"，在按钮的上面有一行文本内容"点击用于获得乘积或者退出"。点击"乘积"按钮后，在 IDLE 中会显示一行文字，如图 12-8 所示。

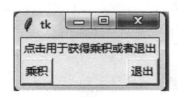

图 12-7 乘积 GUI

```
------------------------
>>> The sum of 3*2 is  6
```

图 12-8 乘积 GUI 结果图

可以看到这行文本表示的内容是：3 乘以 2 的积为 6。下面来具体分析这段代码的含义。在上面的代码中，我们首先定义了一个函数，这个函数用于打印信息内容，上面的函数具体打印了 3 乘以 2 的积。然后，创建了 3 个小组件。第一个组件用于保存显示文本的信息内容，并将这个文本内容置于 GUI 界面的顶端部分，这个功能是通过 pack 函数的 side 参数来完成的，将 side 参数设置为 TOP，然后设置两个按钮，第一个按钮位于左边，显示的内容是"乘积"，将上面定义的打印函数传递给 Button 对象的 command 参数，然后对 Button 对象的 pack 进行设置位置信息，第二个按钮用于退出程序，按钮显示的内容是"退出"，同样对 Button 对象的 pack 函数进行设置，将 side 参数设置为 RIGHT，这样这个按钮就位于 GUI 的右边了。

12.3　布局设置

位置布局

在前面的几个例子中，只是简单地放置了显示内容和按钮，因为 GUI 中的元素比较少，因此我们可以这样任意处理。当一个 GUI 界面中包含了很多元素时，就需要具体考虑一下 GUI 界面中的布局设置了，因为当一个 GUI 界面上有很多元素时，如果没有经过比较合理的安排，就会使整个 GUI 布局非常混乱。

通常情况下，我们可以将具有多层结构的 GUI 称为父子关系。例如，在上面的代码中，整个窗口组件可以看作一个父窗口，然后下面的文本显示可以看作一个子窗口。在子窗口中，还可以再次形成一个父子关系，即在文本显示中添加多个组件。每个小组件都被限制在文本显示窗口中，有属于自己的位置。

除了要考虑组件的位置关系外，还需要关注填充顺序。当创建一个组件后，我们会对这个组件进行填充，填充时会将整个区域中的空间都赋给这个组件。比如下面的过程：首先我们在右边设置一个按钮组件，它将占有右边的空间。然后我们在右边再创建一个按钮组件，这时会看到第一个按钮组件缩小了，但是右边的空间仍然由它占据。第二个组件也不会占据最右边的空间，只是在靠近右边的位置占据了一定的空间。

下面我们通过一个具体的例子来讲解这样的变化。首先创建一个 GUI 界面，使用下面的代码：

```
from tkinter import *


def fun():
    print('2 乘以 3 等于',2*3)


ws=Frame()
ws.pack()
Label(ws,text='我是修改前处于中间的组件').pack(side=TOP)
Button(ws,text='相乘').pack(side=LEFT)
```

将上面的代码输入一个新建的文件中，运行后可以得到图 12-9 所示的 GUI 界面。

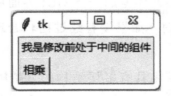

图 12-9 修改前的 GUI 界面

对上面的代码进行修改，具体代码如下：

```
from tkinter import *


def fun():
    print('2 乘以 3 等于',2*3)
```

```
ws=Frame()

ws.pack()

Button(ws,text='相乘').pack(side=LEFT)

Label(ws,text='我是修改后处于中间的组件').pack(side=TOP)
```

　　将上面的代码输入一个新建的文件中，运行后可以得到图 12-10 所示的 GUI 界面。

图 12-10　修改后的 GUI 界面

　　对比图 12-9 和图 12-10 所示的两个 GUI 界面，可以看到区别：虽然这两个 GUI 界面都显示了一个文本框和一个按钮，但是由于显示的顺序不一样，这就导致了布局格式不相同。

　　我们还可以使用组件位置关系来生成比较复杂但美观的图形，新建一个文件，将下面的代码输入：

```
rom tkinter import *


m=Tk()


Label(m,bg='blue').place(relx=0,rely=0,relheight=0.8,relwidth=0.8,anchor=CENTER)

Label(m,bg='green').place(relx=0,rely=0,relheight=0.6,relwidth=0.6,anchor=CENTER)

Label(m,bg='red').place(relx=0,rely=0,relheight=0.4,relwidth=0.4,anchor=CENTER)
```

　　运行上面的代码后，可以得到图 12-11 所示的 GUI 界面。

扫描二维码
可看图 12-11 彩图

图 12-11　位置颜色 GUI

可以看到三个不同颜色的 Label 依次排列，组成了非常漂亮的图形。我们可以任意改变位置关系和颜色，从而可以形成比较复杂的界面布局。

外形布局

在上面的部分，我们学习了如何控制一个组件的位置关系，下面我们来具体学习一下怎样对组件的外观进行操作。

为了让一个 GUI 界面更加吸引人们的注意力，我们可以设置比较好看的文字和边框图案等。

下面的代码用来对 GUI 中显示的文字进行设置：

```
from tkinter import *
m=Tk()
lfont=('times',24,'italic')

ws=Label(m,text='I love Python')
ws.config(bg='black',fg='red')

ws.pack(expand=YES,fill=BOTH)
m.mainloop()
```

将上面的代码输入一个新建的文件中，运行后可以得到图 12-11 所示的 GUI 界面。

当我们任意拖动图 12-12 所示的 GUI 界面时，文本文字一直都是显示在 GUI 界面的中心部分，如图 12-13 所示。

图 12-12　字体改变后的 GUI 界面　　　　图 12-13　拖动后的 GUI 界面

除了可以对 GUI 的字体型号、颜色等进行设置外，我们还可以对 GUI 界面的其他属性进行设置。例如使用 padding 参数可以设置组件周围的空间大小，使用 state 参数可以设置运行物体的状态，使用 size 参数可以设置组件的大小。

12.4　其他组件

在前面的学习中，我们已经学会了文本框的设置、按钮的设置和放置技巧。这些组件具有强大的功能，在一些情况下，我们希望使用者可以进行更多的操作，例如进行选择处理。本节我们要具体介绍一下单选组件和复选组件。这两个组件的区别在于：单选组件中的多个选项只能同时选择一个，但是对于复选组件而言，我们可以任意选择。

单选框

下面的程序显示了一个具有单选组件的 GUI 界面：

```
from tkinter import *
```

```
s="
but=[]

def xuan(i):
    global s
    s=i
    for bn in but:
        bn.deselect()
    but[i].select()

m=Tk()
for k in range(5):
    r=Radiobutton(m,text="这是选项  "+str(k),value=str(k),command=(lambda
k=k:xuan(k)))
    r.pack(side=TOP)
    but.append(r)
m.mainloop()
print("你选择了",s)
```

输入上面的代码后，我们可以得到图 12-14 所示的 GUI 界面。

当我们任意点击一个选择后，GUI 界面会变成图 12-15 所示。

图 12-14 单选组件 GUI 界面

图 12-15 选择后的 GUI 界面

当我关闭这个 GUI 界面时，在 IDLE 上会有一行文字输出，如图 12-16 所示。

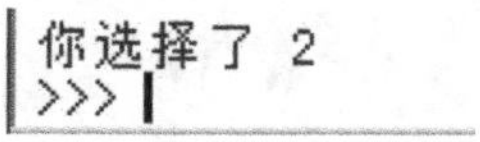

你选择了 2
>>>

图 12-16　选择后的 IDLE 输出显示

上面的代码中，一共创建了 5 个单选组件，分别为"这是选项 0""这是选项 1""这是选项 2""这是选项 3""这是选项 4"，除了 0 号选择外，其他选项都是默认显示突出状态的。我们可以任意地选择其中的一个，当我们选择了一个时，其他按钮的状态就会发生改变，选项前面的黑点选择符会消失，表示那些选项没有被选中。

复选框

下面我们来尝试一些创建一个具有多选功能的 GUI 界面，代码如下：

```
from tkinter import *


s=[]
def x(i):
    s[i]=not s[i]


m=Tk()
for k in range(5):
    t=Checkbutton(m,text="复选框"+str(k),command=(lambda k=k:check(k)))
    t.pack(side=TOP)
    s.append(0)
m.mainloop()
print(s)
```

将上面的代码输入一个新建的文件，运行程序后可以得到图 12-17 所示的界面。我们可以对上面的复选框进行任意的勾选，例如图 12-18 所示的界面。

图 12-17　复选框 GUI 界面

图 12-18　选择后的复选框

在图 12-18 所示的界面中，我们选中的复选框 1 和复选框 3，当我们关闭这个 GUI 界面时，在 IDLE 上会显示图 12-19 所示的信息。

```
[0, True, 0, True, 0]
>>> 
```

图 12-19　复选框结果图

对话框

在进行某些操作时，有时我们需要系统将要进行的操作反馈给使用者，这个时候就需要使用对话框。对话框可以被看作是在图形用户界面中的一种奇特的窗口界面，可以在 GUI 界面中展示一些特殊的信息，或者是在需要输入时，可以获得外界的某些输入。

在不同的应用场景下，会有不同种类的对话框。最常见的对话框就是警告框，警告框会显示一些警告内容，需要用户点击某个按钮，从而会得到不同的反映。下面我们来具体看一个警告框的例子。

新建一个文件，将下面的代码输入：

```python
from tkinter import *
from tkinter import messagebox


messagebox.askokcancel("对话框","准备开始学习")
mainloop()
```

运行上面的代码后，我们得到图 12-20 所示的 GUI 界面。

除了这个 GUI 界面外，我们还能够得到一个警告框显示 GUI 界面，如图 12-21 所示。

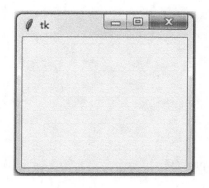

图 12-20 警告框的 GUI 界面

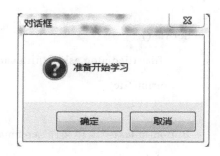

图 12-21 警告框 GUI

在这个警告框的最上面有一个标题"对话框"，在中间部分有一行文本内容"准备开始学习"，在最下面一行有两个按钮："确定"按钮和"取消"按钮，分别代表了不同的操作结果。

下面我们来具体分析这个代码做了什么事情。首先，我们使用模块导入语句将 tkinter 模块和 messagebox 类导入到当前的运行空间。然后使用 messagebox 类，为了显示具体的消息，我们向 messagebox 传递了两个字符串，使用 messagebox 的 askokcancel 方法，这个方法能够接收字符串消息，第一个信息用于显示警告框的标题，第二个信息用于显示在警告框的中间部分的内容，然后运行这个 GUI 界面，就能够得到上面的结果。

Askokcancel 函数有三个参数，分别是 title、message 和 options。这三个参数分别代表了可以设置对话框中的标题，可以设置对话框中的文本显示内容，第三个参数用于设置一些特殊的要求，可以选择的值为 default、icon 和 parent。

除了警告对话框外，有时候我们需要读取计算机中的某个文件，这个时候就需要一个文件对话框。文件对话框用来选择某一个文件，然后将所选择的文件上传至程序中，以便完成后续的操作。

新建一个文件，将下面的代码输入：

```
from tkinter import *
from tkinter import filedialog

m=Tk()

def fun():
    file=filedialog.askopenfilename()
    print(file)

Button(m,text="选择文件",command=fun).pack()
m.mainloop()
```

运行上面的程序后，可以得到图 12-22 所示 GUI 界面。
在界面中有一个按钮，这个按钮的显示内容为"选择
文件"，意思是点击这个按钮，我们可以选择一个文件。
当我们点击这个按钮后，可以得到图 12-23 所示的界面。

图 12-22　文件选择 GUI

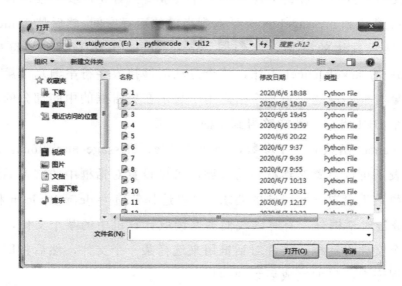

图 12-23　文件选择界面

这是一个文件选择界面，最上面一栏显示的是当前文件所在的目录，左边是整个计算机的目录分类，右边显示当前文件夹中存在的文件。当我们选择其中的一个文件后，在 IDLE 上会显示如图 12-24 所示的信息。

```
--------------------- RESTART: E:/
E:/pythoncode/ch12/6.py
```

图 12-24　选择文件操作

此时这个文件的路径信息就会显示出来，因为我们没有对这个文件进行任何操作，所以后续并没有什么现象发生。

下面我们来具体分析一下这个代码以及发生这个现象的原因。首先我们将 tkinter 模块和 filedialog 对象导入当前工作空间内。然后使用 Tk 类新建一个对象，并且定义了一个函数，这个函数用于完成点击按钮后会实现的功能，在上面的函数中，我们读取了文件并将文件的路径打印出来。接下来设置一个按钮，这个按钮的显示内容为"选择文件"。最后运行这个 GUI 界面。

在 filedialog 模块里可以有两个使用的文件函数，分别是 askopenfilename 和 asksaveasfilename，这两个函数分别用于打开文件和保存文件。函数都具有以下的参数：defaultextension、filetypes、initialdir、parent 和 title。

在一些需要设置颜色的场景下，我们需要设置某一个物体的颜色，然后执行上色的功能。Python 中提供了一个颜色选择的功能。

新建一个文件，将下面的代码输入：

```python
from tkinter import *
from tkinter import colorchooser

m=Tk()

def fun():
    color=colorchooser.askcolor()
```

```
        print(color)

Button(m,text="颜色选择",command=fun).pack()
m.mainloop()
```

运行上面这个程序,可以得到图 12-25 所示的 GUI 界面。

这是一个颜色选择对话框，在这个对话框中可以看到有一个按钮，按钮上面显示"颜色选择"，我们点击这个按钮，就可以得到图 12-26 所示的界面。

图 12-25　颜色选择对话框

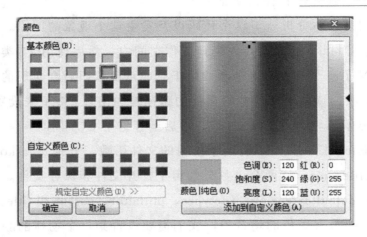

图 12-26　颜色选择界面

在这个界面中可以选择一个颜色，左上方显示的是一些基本颜色，左下方是一些可以自定义的颜色，右边是各自颜色成分以及颜色对应的参数。我们可以随意选择一个颜色，点击确定按钮。然后在 IDLE 上可以看到图 12-27 所示的信息。

```
((117.45703125, 196.765625, 204.796875), '#75c4cc')
```

图 12-27　颜色组成信息

图 12-27 中显示的信息是一个元组，元组由两部分组成，第一部分也是一个

元组，表示的是一个颜色对应的红绿蓝中的成分，后面的元素是前面数据的十六进制表示。

　　下面来具体分析上面代码的工作原理。首先，我们将 tkinter 模块和 colorchooser 模块导入当前工作空间中。然后，使用 Tk 类新建一个显示 GUI 界面，并定义一个函数，这个函数用于读取颜色的具体信息，将这个信息打印出来。接下来新建一个 Button 对象，将这个对象的 text 参数设置为"颜色选择"。最后显示这个界面。

　　Tkinter 模块中有很多比较常见的组件，具体如表 12-1 所列。

表 12-1　tkinter 组件

组件名	组件含义
Label	标签
Button	按钮
Text	多行文本框
Frame	框架
Radiobutton	单选框
Entry	单行文本框

单行文本框

　　有时候，我们需要用户能够输入一段文字信息，用于验证某些条件。在这种情况下，我们就需要一个单行文本框，文本框用于提供给用户一个输入信息的地方。在用户输入一定的文字信息后，我们可以在程序里对这段文字进行处理，再将经过处理的文字输出，这样就可以达到交互的目的。

　　下面的代码用于实现一个单行文本框，新建一个文件，输入下面的代码：

```
from tkinter import *

m=Tk()
text=StringVar()
Entry=Entry(m,textvariable=text)
```

```
Entry.pack(padx=20,pady=10)

m.mainloop()

print(text.get())
```

运行上面的代码后，我们可以得到图 12-28 所示的界面。

在上面的 GUI 中，有一个白色背景的组件，这个组件就是单行文本框，我们可以在文本框内输入一定的文字，会出现下面的现象（见图 12-29）：

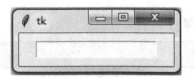

图 12-28　单行文本框 GUI

图 12-29　单行文本框内输入信息

当我们将这个 GUI 界面关闭后，会在 IDLE 上显示如图 12-30 所示内容。

今天天气特别好
>>>

图 12-30　单行文本框的内容显示

下面我们来具体分析上面的代码。首先，将 tkinter 模块导入当前的工作环境中，然后新建一个 GUI 界面，并新建一个 StringVar 对象，这个对象可以实现文本框内容的绑定功能，即将文本框中的文本内容赋给这个变量。接下来我们新建一个单行文本框组件，并将文本框中的内容赋给上面的 StringVar 对象，并且设置了文本框的大小。最后运行这个文本框界面，并将文本框中的内容打印出来。

在上面的文本框 GUI 中，开始显示的文本框内并没有文字，在某些情况下，我们可以设置文本框内的默认文字。新建一个文件，将下面的代码输入：

```
from tkinter import *

m=Tk()
```

```
text=StringVar()

text.set('今晚的月亮很美')

Entry=Entry(m,textvariable=text)

Entry.pack(padx=20,pady=10)

m.mainloop()

print(text.get())
```

运行上面的代码后，我们能够得到图 12-31 所示的界面。

可以看到显示出来的单行文本框是有文字显示的，我们可以对这个文字进行修改，如图 12-32 所示。

图 12-31　默认显示下的文本框

图 12-32　修改后的文本框

在关闭这个文本框后，可以在 IDLE 中看到文本框内的具体内容，如图 12-33 所示。

今晚的月亮很美，对的啊
>>>

图 12-33　IDLE 中显示的文本框内容

下面我们来具体分析上面的代码。首先，将 tkinter 模块导入当前的工作环境中，然后新建一个 GUI 界面，并新建一个 StringVar 对象，这个对象可以实现文本框内容的绑定功能，即将文本框中的文本内容赋给这个变量，并且给 StringVar 对象设置一个默认的值，接下来新建一个单行文本框组件，并将文本框中的内容赋给上面的 StringVar 对象，并且设置文本框的大小。最后运行这个文本框界面，并将文本框中的内容打印出来。

下面我们使用前面学到的组件来创建一个登录界面，常见的登录界面有用户名和用户密码的输入，还有两个按钮，分别是"登录"和"退出"。这样就可以模拟大多数情况下的登录系统。开始时，我们只是将具有这些组件的 GUI 显示出来，并不对输入的信息进行处理，我们会逐渐给这个登录界面添加新的功能。

新建一个文件，将下面的代码输入：

```python
from tkinter import *


m=Tk()
m.title("人工智能登录界面")
Label(m,text="用户名").grid(row=0)
Label(m,text="用户密码").grid(row=1)


Entry().grid(row=0,column=1,padx=8,pady=4)
Entry().grid(row=1,column=1,padx=4,pady=4)


Button(m,text="登录").grid(row=3,column=0,padx=8,pady=4)
Button(m,text="退出").grid(row=3,column=1,padx=8,pady=4)
```

运行上面的代码后，我们可以得到图 12-34 所示的登录 GUI 界面。

可以看到上面的登录界面已经和平时看到的界面相似，但是退出按钮的位置不对。下面我们来具体分析这段代码的功能。首先，将 tkinter 模块导入当前运行空间中。然后建立一个 GUI

图 12-34　登录界面 1

界面，并将 GUI 界面的标题设置为"人工智能登录界面"，我们建立两个标签用于显示用户名和用户的登录密码，为了让这两个标签有一个层级关系，使用 Label 对象中的 grid 方法，设置 grid 方法中的 row 参数，将用户名标签设置为 0，将用户密码标签设置为 1。这样就能分行显示两个标签了。接下来创建两个文本框，这两个文本框也同样设置了位置。最后我们创建两个按钮，分别为登录按钮和退出按钮。

　　下面我们先来修改两个按钮的位置，为了让按钮位置分别位于最后一行的，我们对退出按钮的位置进行设置，新建一个文件，将下面的代码输入：

```
from tkinter import *


m=Tk()
m.title("人工智能登录界面")
Label(m,text="用户名").grid(row=0)
Label(m,text="用户密码").grid(row=1)


Entry().grid(row=0,column=1,padx=8,pady=4)
Entry().grid(row=1,column=1,padx=4,pady=4)


Button(m,text="登录").grid(row=3,column=0,padx=8,pady=4,stick=W)
Button(m,text="退出").grid(row=3,column=1,padx=8,pady=4,stick=E)
```

　　运行上面的代码后，我们能够得到图 12-35 所示的 GUI 界面。

　　在这个界面中，"退出" 按钮位于最后一栏的最右边，此时整个登录界面是对称的。我们对退出按钮对象中的 grid 函数进行修改，将 grid 函数的 sticky 参数设置为 E，表示将退出按钮的位置固定在东边，即右边。

图 12-35　登录界面 2

　　现在将用户的输入信息打印出来，即将两个单行文本中的信息输出。新建一个文件，将下面的代码输入：

```
from tkinter import *

m=Tk()
m.title("人工智能登录界面")
Label(m,text="用户名").grid(row=0)
Label(m,text="用户密码").grid(row=1)

t1=Entry(m)
t2=Entry(m,show='*')
t1.grid(row=0,column=1,padx=8,pady=4)
t2.grid(row=1,column=1,padx=4,pady=4)

def fun():
    print('用户名',t1.get())
    print('用户密码',t2.get())


Button(m,text="登录",command=fun).grid(row=3,column=0,padx=8,pady=4,stick=W)
Button(m,text="退出").grid(row=3,column=1,padx=8,pady=4,stick=E)
```

运行上面的代码后，可以得到如图 12-36 所示的 GUI 登录界面，这时我们输入用户名和登录密码，就可以得到图 12-36 所示的界面显示。

图 12-36　登录界面 3

在用户名处，显示了用户输入的登录名称，在用户密码处，用星号隐藏了用户输入的登录密码，但是可以看到登录密码有几位。输入完成后，"点击"登录按钮，可以在 IDLE 上得到一条大于信息，如图 12-37 所示。

当我们更好用户名和密码后，再次点击登录按钮后，可以得到图 12-38 所示信息。

```
>>> 用户名 admin
用户密码 12345
```

图 12-37　用户名和密码

```
>>> 用户名 admin
用户密码 12345
用户名 ted
用户密码 87563
```

图 12-38　用户名和密码 2

图中最上面两行是原来的用户名和登录密码，最下面两行是最新输入的用户名和登录密码。

绘图

除了在 GUI 界面添加文本信息外，我们还可以在 GUI 界面上进行绘图操作，主要使用 Canvas 类。Canvas 类通常是用来绘制和显示图形，可以显示多种图形和自己绘制图形。

在使用 Canvas 对象时，可以使用 create 方法来绘制对应的图案。新建一个文件，将下面的代码输入：

```python
from tkinter import *


m=Tk()


c=Canvas(m,width=300,height=200)
c.pack()
c.create_rectangle(0,0,100,50,fill="red")
mainloop()
```

运行上面的代码，可以得到图 12-39 所示的 GUI 界面。

下面来具体解释上面的程序。首先，将 tkinter 模块导入当前的运行空间中，新建一个界面。然后，创建一个 Canvas 类，并设置这个类的长和宽，分别为 300 点和 200 点。接下来使用这个类的 create_ rectangle 创建一个矩阵，一共输入 5 个参数，前 4 个参数和矩形的位置有关，前两个是左上交点的位置，后两个是右下角点的位置，最后一个参数是显示矩形的颜色。最后运行这个界面。

如果我们不指定矩形的颜色，就可以得到一个长方形，如图 12-40 所示。

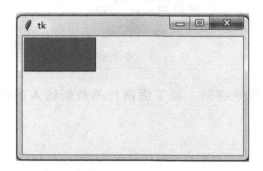
图 12-39　绘画图

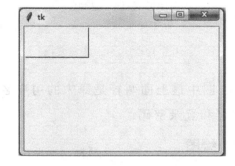
图 12-40　绘画图 2

从上面的图可以看到，这时显示的长方形没有填充颜色，只是显示了 4 个边框。

下面我们尝试在一个 GUI 界面上随机产生 20 个长方形。新建一个文件，将下面的代码输入：

```
from tkinter import*
import random


#创建一个 GUI 界面
m= Tk()
#参数设置
wid=300
hei=300
```

```
num=20
#创建一个画板
c= Canvas(m,width=wid,height=hei)
c.pack()


#定义矩形绘画函数
def special(width,height):
    x1 = random.randrange(width)
    y1 = random.randrange(height)
    x2 = x1 + random.randrange(width)
    y2 = y1 + random.randrange(height)
    c.create_rectangle(x1,y1,x2,y2)


for x in range(0,num):
    special(wid,hei)
```

运行上面的代码会后，可以得到图 12-41 所示的结果。

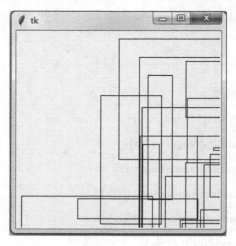

图 12-41　绘画图 3

在上面的代码中，我们使用 random 模块来随机产生矩形的位置和大小，然后将这些矩形都绘制出来。

下面我们尝试在上面随机生成的矩阵中填充不同的颜色。新建一个文件，将下面的代码输入：

```
from tkinter import*
import random

#创建一个 GUI 界面
m= Tk()
#参数设置
wid=300
hei=300
num=20
color=['green','red','blue','orange','yellow','pink','purple','violet']
clen=len(color)
#创建一个画板
c= Canvas(m,width=wid,height=hei)
c.pack()

#定义矩形绘画函数
def special(width,height,clen,color):
    x1 = random.randrange(width)
    y1 = random.randrange(height)
    x2 = x1 + random.randrange(width)
    y2 = y1 + random.randrange(height)
    co=random.randint(0,clen-1)
    c.create_rectangle(x1,y1,x2,y2,fill=color[co])
```

```
for x in range(0,num):
    special(wid,hei,clen,color)
```

　　运行上面的代码两次，可以分别得到不同的 GUI 绘画界面，如图 12-42 和图 12-43 所示。

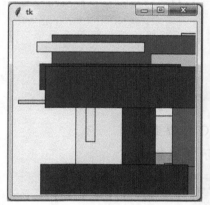

图 12-42　随机颜色绘画图 1

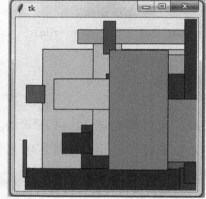

图 12-43　随机颜色绘画图 2

扫描二维码
可看图 12-42 彩图

扫描二维码
可看图 12-43 彩图

　　从这两个图可以看出，我们可以随机产生任意颜色的矩阵。这样的图案是不是很具有艺术性？同学们也尝试着自己输入这些代码然后观察案例吧！

菜单栏

　　在一般的 GUI 中，都会有很多的菜单栏，在菜单栏中我们可以找到许多方便的应用功能。通常情况下，创建一个具有下拉功能的菜单栏需要这样几个步骤：创建一个菜单栏，编辑菜单，在每个下拉菜单后面添加一个分隔线。

　　新建一个文件，输入下面的代码：

```
from tkinter import *

m=Tk()
```

```
men=Menu(m)

file=Menu(men,tearoff=False)
contents=['打开','保存','另存为','打印']
for cont in contents:
    file.add_command(label=cont)
    file.add_separator()
men.add_cascade(label='开始',menu=file)

m.config(menu=men)
```

运行上面代码后，可以得到图 12-44 所示的 GUI 界面。

当我们点击开始按钮时，会出现图 12-45 所示的现象。

图 12-44 下拉菜单 GUI

图 12-45 下拉显示

下面我们来具体分析上面的代码。首先，将 tkinter 模块导入当前工作环境中，创建一个 Tk 对象，即 GUI 界面。然后创建一个 Menu 对象，用于显示整个按钮。接下来创建一个具有下拉功能的菜单，在循环中，先将标签添加进按钮中，再添加分隔线。最后运行这个 GUI 界面，就可以得到所有的结果。

习题

1. 使用 Tkinter 创建一个长 200、宽 150 的界面。
2. 创建一个有三个矩形的 GUI 界面。
3. 创建一个具有单选功能的 GUI 界面。

参 考 文 献

[1] SANDE W，SANDE C. 与孩子一起学编程[M]. 苏金国，等译. 北京：人民邮电出版社，2010.

[2] 孙广磊. 征服 Python：语言基础与典型应用[M]. 北京：人民邮电出版社，2007.

[3] CUNNINGHAM K. Python 入门经典[M]. 李军，李强，译. 北京：人民邮电出版社，2014.

[4] SHAW Z A，笨办法学 Python[M]. 王巍巍. 译. 北京：人民邮电出版社，2014.

[5] BARRY P. 深入浅出 Python：中文版[M]. 林琪，等译. 北京：中国电力出版社，2012.

[6] 哲思社区. 可爱的 Python[M]. 北京：电子工业出版社，2009.

[7] 杨昆，汪兴刚. Python 程序员指南[M]. 北京：中国青年出版社，2001.

[8] 赵家刚，狄光智，吕丹桔. 计算机编程导论[M]. 北京：人民邮电出版社，2013.

[9] 比斯利，琼斯. Python Cookbook 中文版：第 3 版[M]. 陈舸，译. 北京：人民邮电出版社，2015.

[10] DOWNEY A B. 像计算机科学家一样思考 Python：第 2 版[M]. 赵普明，译. 北京：人民邮电出版社，2016.